高等职业教育机械设计制造类专业系列教材

机械零部件检测

主　编　谢　芳　董　延
副主编　王东辉　刘世平

科学出版社

北　京

内 容 简 介

本书根据高职高专机械制造专业课程标准、理论知识要求及技能要求，参照有关极限与配合的现行国家标准编写，以"工学结合"为切入点，以工作过程为导向，打破传统的学科型课程结构，突破定界思维，确定课程内容，属于一体化任务驱动式教材。

本书以培养实用型、技能型技术人才为出发点，瞄准高职高专毕业生职业岗位群的实际需要，按项目—任务编排，内容包括零件的尺寸公差标注与精度检测、零件的几何公差标注与精度检测、零件的表面粗糙度标注与精度检测、零部件的综合标注与精度检测共 4 个项目。

本书可作为高职高专、成人高校及本科院校开办的二级职业技术学院数控技术、机电一体化技术、模具设计与制造等专业的教材，也可作为从事机械设计与加工的技术人员培训教材，还可供其他相关技术人员参考。

图书在版编目（CIP）数据

机械零部件检测 / 谢芳，董延主编. -- 北京 ：科学出版社，2025. 5.
（高等职业教育机械设计制造类专业系列教材） -- ISBN 978-7-03-080549-2

Ⅰ. TH13

中国国家版本馆 CIP 数据核字第 2024V01J26 号

责任编辑：任锋娟　韩　东 / 责任校对：王万红
责任印制：吕春珉 / 封面设计：东方人华平面设计部

科 学 出 版 社 出版

北京东黄城根北街 16 号
邮政编码：100717
http://www.sciencep.com

天津市新科印刷有限公司印刷
科学出版社发行　　各地新华书店经销

*

2025 年 5 月第 一 版　　开本：787×1092 1/16
2025 年 5 月第一次印刷　　印张：12
字数：290 500

定价：45.00 元

（如有印装质量问题，我社负责调换）

销售部电话 010-62136230　编辑部电话 010-62143239

本书编委会

主　编：谢　芳　董　延

副主编：王东辉　刘世平

参　编（以姓氏笔画排序）：

　　　　李鹏鹏　邵　堃　苗志毅

主　审：王小芳　李智明

前　言

改革开放以来，党中央、国务院对职业教育高度重视，始终强调要大力发展职业教育，不断确立职业教育的战略地位，并明确提出建立和完善具有中国特色的现代职业教育体系，加强职业教育治理体系和治理能力现代化，逐步探索并走出建设具有中国特色、世界水平的现代职业教育发展之路。职业教育成为实现中华民族伟大复兴中国梦的强大支撑。

编者在编写本书的过程中借鉴德国"双元制"先进职业教育理念，对传统学科型教材进行改进，淡化学科体系，以工作过程为导向，达到"教-学-做"一体化。书中每个任务选取机械设计与制造中常见的零件类型，确定适合教学应用的任务内容。本书以实用性、科学性、针对性和趣味性为特色，整合公差配合、几何量测量、测量基础技术等内容，结合常见零件实例，通过一体化教学，培养学生的专业能力、方法能力及社会能力。

本书在内容上力求做到理论与实际相结合，按照循序渐进的要求，由简单到复杂，由易到难，内容丰富，实用性强。本书内容包括4个项目，共8个任务，介绍零件的尺寸公差标注与精度检测、零件的几何公差标注与精度检测、零件的表面粗糙度标注与精度检测、零部件的综合标注与精度检测。

本书由河南职业技术学院谢芳、董延任主编，王东辉、刘世平任副主编。编写分工如下：项目1由谢芳编写；项目2由董延编写；项目3由王东辉、刘世平编写；项目4由邵堃、苗志毅、李鹏鹏编写。全书由王小芳、李智明主审。

编者在编写本书的过程中，得到了郑州煤矿机械集团股份有限公司、安阳鑫盛机床股份有限公司、郑州日新精工有限公司的大力支持，在此一并表示感谢。同时，对相关参考文献的作者表示衷心感谢。

由于编者水平有限，书中难免有疏漏、不妥之处，恳请读者批评指正，以尽早修订完善。

目　　录

项目 1　零件的尺寸公差标注与精度检测

项目描述

根据公差与配合的基础知识、极限与配合的国家标准、机械零件极限与配合的选用，完成零件尺寸公差的标注。

根据量块的使用及测量的精度、光滑极限量规的设计及使用、车间条件下普通计量器具的使用、计量室条件下检测仪器的使用，完成零件尺寸公差的检验及合格性判定。

任务 1.1　零件的尺寸公差标注

任务目标

1. 掌握公差与配合的基础知识；
2. 能够正确选用和标注机械零件的尺寸公差、极限配合等。

任务资讯

1.1.1　互换性

1. 互换性的概念

在实际生产中，机器的某个零部件损坏了，维修工人从同一规格的零部件中任选一个装配到机器上替换损坏的零部件，机器就能正常工作。在日常生活中，经常会遇到零部件互换的情况，如汽车、拖拉机、自行车、缝纫机上的零部件坏了，只要换上相同型号的零部件就能正常运转；灯泡坏了，直接到商店里面买一个同样规格的换上就可以了。这都是因为这些零部件具有互相替换的性能。

现代化工业生产时专业化的协作生产，即采用分散加工、集中装配的方法来保证产品质量、提高生产率和降低成本。因此，现代化生产的产品零部件应具有互换性。

互换性是指规格相同的一批零件或部件在装配或更换时，无须作任何挑选、调整或修配就能装配到机器上，并且满足预定的使用功能要求的特性。零部件的互换性应包括其几何参数、力学性能和理化性能等方面的互换性。本课程主要研究几何参数的互换性。

2. 互换性的分类

互换性按互换程度分为完全互换和不完全互换。

完全互换是指一批零部件在装配时不经选择、调整和修配，装配后即可满足预定的使用功能要求，如螺母、螺栓、圆柱销等标准件的装配大多属于此类情况。

当装配精度要求很高时，采用完全互换将使零件的制造精度提高，造成零件加工困难，成本增加。此时可采用不完全互换法进行生产，适当地降低零件的制造精度，以便于加工。在完工后，通过测量将零件按实际尺寸的大小分成若干组，使每组内的尺寸差别比较小。此时，仅组内零件可以互换，组与组之间零件不可互换，这种方法叫作分组装配法，属于不完全互换。

有时装配时需要对零部件进行挑选或调整，以达到装配精度要求，这种方法称为调整法，也属于不完全互换。

不完全互换一般只限于部件或制造厂内装配时使用；对于厂际协作，往往采用完全互换。

3. 互换性的意义

互换性是现代化生产的一个重要技术经济原则，它被广泛应用于机械制造业中，给产品的设计、制造和使用维修带来很大方便。

在设计方面，零部件具有互换性，可以最大限度地采用标准件、通用件，大大减少计算、绘图等设计工作量，缩短设计周期，并便于计算机辅助设计。

在制造方面，零部件具有互换性，有利于组织大规模专业化生产，有利于采用先进工艺和高效率的专用设备，有利于计算机辅助制造，有利于实现加工和装配过程的机械化和自动化，从而减轻工人的劳动强度，缩短生产周期，保证产品质量，提高劳动生产率。

在使用方面，零部件具有互换性，当机器的零部件损坏或磨损后可以及时地更换，减少机器的维修时间和维修费用，从而延长机器的使用寿命，大幅提高经济效益。

1.1.2 标准化与优先数

1. 标准和标准化

现代化生产的特点是规模大、品种多、分工细和协作广，为了实现互换性生产，必须采用一种手段，使各分散的生产环节相互协调和统一。标准与标准化正是建立这种关系的重要手段，是实现互换性生产的基础。

（1）标准

标准是指对需要协调统一的重复性事物和概念所做的统一规定。它以科学技术和实践经验的综合成果为基础，由有关方面协商制定，经主管机构批准后，以特定形式发布，在一定范围内作为共同遵守的准则和依据。

我国的标准分为国家标准、行业标准、地方标准和企业标准 4 级。对需要在全国范围内统一的技术要求，应当制定国家标准，代号 GB 或 GB/T。对没有国家标准而又需要在全国某个行业范围内统一技术要求，可制定行业标准，如代号 JB 或 JB/T。对没有国家标准和行业标准而又需要在某个范围内统一的技术要求，可制定地方标准或企业标准，代号分别为 DB 或 QB。

按法律属性不同，国家标准分为强制性标准和推荐性标准两类。涉及人身安全、健康、卫生及环境保护等的标准属于强制性标准，其代号为 GB，一经颁布，必须严格强制执行。其余标准属于推荐性标准，其代号为 GB/T、JB 和 JB/T。

近年来，依据立足于我国实际情况的基础上向国际标准 ISO 靠拢的原则，对相关标准进行了修订，以利于加强我国在国际上的技术交流和产品互换。

（2）标准化

标准化是制定、贯彻和修改标准的全过程，它是组织现代化生产的重要手段，是实现互换性的基础。要全面保证零部件的互换性，不仅需要合理地确定零件的制造公差，还必须保证在影响生产质量的各个环节、阶段及有关方面实现标准化。如优先数系、形状与位置公差及表面质量参数的标准化，计量单位及检测规定的标准化等。

标准化既是一项技术基础工作，也是一项重要的经济技术政策，它在工业生产和经济建设中起到重要作用。标准化的实施，可以使生产者获得更好的社会、经济效益。

2. 优先数和优先数系

在产品设计或生产中，为了满足不同要求，同一品种的某一参数，从大到小取不同值时（形成不同规格的产品系列），应该采用一种科学的数值分级制度或称谓，人们由此总结出了一种科学的统一的数值标准，即优先数系。优先数系中的任一个数值均称为优先数。

优先数系是国际上统一的数值分级制度，是一种量纲为一的分级数系，适用于各种量值的分级。在确定产品的参数或参数系列时，应最大限度地采用优先数和优先数系。

优先数系由一些十进制等比数列构成，其代号为 Rr（R 是优先数系的创始人 Renard 的第一个字母，r 代表 5、10、20、40 和 80 等项数）。等比数列的公比 $q_r = \sqrt[r]{10}$，其含义是在同一个等比数列中，每隔 r 项的后项与前项的比值增大 10 倍。《优先数和优先数系》（GB/T 321—2005）规定了优先数系的 5 个系列，分别用 R5、R10、R20、R40、R80 表示，其中前 4 个为基本系列，最后一个为补充系列。标准规定 5 个优先数系的公比分别如下。

R5 系列：公比 $q_5 = (\sqrt[5]{10}) \approx 1.60$。

R10 系列：公比 $q_{10} = (\sqrt[10]{10}) \approx 1.25$。

R20 系列：公比 $q_{20} = (\sqrt[20]{10}) \approx 1.12$。

R40 系列：公比 $q_{40} = (\sqrt[40]{10}) \approx 1.06$。

R80 系列：公比 $q_{80} = (\sqrt[80]{10}) \approx 1.03$。

优先数系的基本系列见表 1.1。

国家标准规定的优先数系分档合理、疏密适中，简单易记，便于使用。常见的量值如直径、长度、面积、应力、转速、时间等的分级，一般是按优先数系进行的。本课程所涉及的有关标准，如尺寸分段、公差分级、表面粗糙度参数系列等，也是采用的优先数系。

表 1.1　优先数系的基本系列（GB/T 321—2005）

R5	R10	R20	R40	R5	R10	R20	R40	R5	R10	R20	R40
1.00	1.00	1.00	1.00			2.24	2.24		5.00	5.00	5.00
			1.06				2.36				5.30
		1.12	1.12	2.50	2.50	2.50	2.50			5.60	5.60
			1.18				2.65				6.00
	1.25	1.25	1.25			2.80	2.80	6.30	6.30	6.30	6.30
			1.32				3.00				6.70
		1.40	1.40		3.15	3.15	3.15			7.10	7.10
			1.50				3.35				7.50
1.60	1.60	1.60	1.60			3.55	3.55		8.00	8.00	8.00
			1.70				3.75				8.50
		1.80	1.80	4.00	4.00	4.00	4.00			9.00	9.00
			1.90				4.25				9.50
	2.00	2.00	2.00			4.50	4.50	10.00	10.00	10.00	10.00
			2.12				4.75				

注：表中列出 1~10 范围内的优先数系列，如将表中所列优先数乘以 10，100，…或乘以 0.1，0.01，…即可得到大于 10 或小于 1 的优先数。

1.1.3　公差与配合的基本术语及定义

1. 尺寸要素

尺寸要素指线性尺寸要素或角度尺寸要素。

线性尺寸要素：具有线性尺寸的尺寸要素。有一个或者多个本质特征的几何要素，其中只有一个可以作为变量参数，其他的参数是"单参数族"中的一员，且这些参数遵守单调抑制性。

角度尺寸要素：属于回转恒定类别的几何要素，其母线名义上倾斜一个不等于 0°或 90°的角度；或属于棱柱面恒定类别，两个方位要素之间的角度由具有相同形状的两个表面组成。

2. 孔和轴

在本书中，孔、轴的定义都具有广义性。

（1）孔

通常指工件的内尺寸要素，也包括非圆柱面形的内尺寸要素（由两相向的平行平表面或切表面形成的包容面），如图 1.1（a）所示。孔是包容面，越加工越大。

（2）轴

通常指工件的外尺寸要素，也包括非圆柱形的外尺寸要素（由两反向的平行平表面或切表面形成的包容面），如图 1.1（b）所示。轴是被包容面，越加工越小。

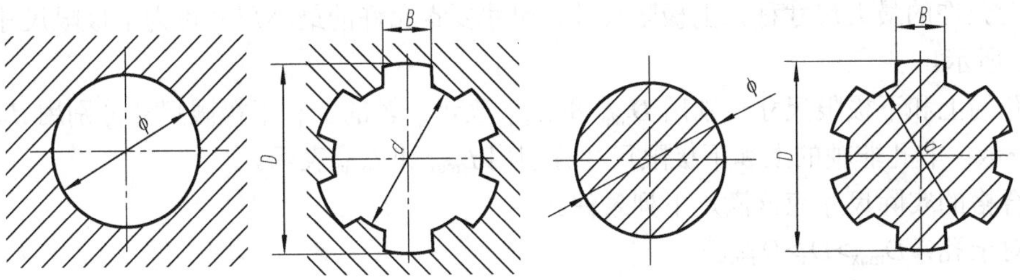

（a）孔　　　　　　　　　　　　　（b）轴

图 1.1　孔和轴的平面图

3. 尺寸

（1）尺寸

尺寸是指用特定单位表示线性尺寸值的数值。尺寸由数字和长度单位组成，它包括直径、长度、宽度、高度、厚度及中心距等，但不包括角度。

在机械图样中标注尺寸时，常以毫米（mm）为特定单位，这时仅标注数字，单位省略。当采用其他单位时，必须标注单位。

（2）公称尺寸

公称尺寸是由图样规范定义的理想形状要素的尺寸，如图 1.2 所示。它的数值一般应按标准长度、标准直径的数值进行圆整。公称尺寸可以用来与极限偏差（上、下极限偏差）一起计算得到极限尺寸（上极限尺寸和下极限尺寸）。孔的公称尺寸常用 D 表示，轴的公称尺寸常用 d 表示，非孔、非轴的公称尺寸常用 L 表示。

公称尺寸表示尺寸的基本大小，它不是零件要素功能要求的理想尺寸。只有经过精度设计，给出尺寸允许变动的界线（极限尺寸、极限偏差），才能完整地表达设计要求。

（3）实际尺寸

实际尺寸是用一定的测量仪器/量具，采用相应的方法，在一定的环境条件下，从测量器具上获得的数值，或是经过适当数据处理以后的结果。由于测量过程中存在测量误差，所以实际尺寸往往不是被测尺寸的真实大小，而且多次测量同一尺寸所得的实际尺寸也是各不相同的。孔的实际尺寸常用 D_a 表示，轴的实际尺寸常用 d_a 表示，非孔、非轴的实际尺寸常用 L_a 表示。

根据实际尺寸的定义，任何人用任何测量器具和方法，在任何环境下测量的尺寸，都可以称为被测尺寸的实际尺寸。

例如，某尺寸用钢尺测量为 24mm，用游标卡尺测量为 23.9mm，用千分尺测量为 23.88mm，用长度仪测量 23.882mm，则这些不同的测量值都可以称为被测尺寸的实际尺寸。但在实际工作中，应该以何种准确程度的测量结果作为实际尺寸才符合经济合理的原则，则需要根据被测尺寸的精度要求和测量成本来确定。

（4）极限尺寸

极限尺寸是尺寸要素的尺寸所允许的极限值。通常，设计规定两个极限尺寸。尺寸要素允许的最大尺寸称为上极限尺寸，尺寸要素允许的最小尺寸称为下极限尺寸，如图 1.2 所示。

孔的上和下极限尺寸分别用 D_{max} 和 D_{min} 表示；轴的上和下极限尺寸分别用 d_{max} 和 d_{min} 表示；非孔非轴的上和下极限尺寸分别用 L_{max} 和 L_{min} 表示。

合格的实际尺寸应该满足下列条件。

对于孔：$D_{max} > D_a > D_{min}$。

对于轴：$d_{max} > d_a > d_{min}$。

对于非孔非轴：$L_{max} > L_a > L_{min}$。

4. 偏差

偏差是某值与其参考值之差。对于尺寸偏差，参考值是公称尺寸，某值是实际尺寸。因此，偏差可以为正值、负值或零。

偏差可以分为实际偏差和极限偏差。

（1）实际偏差

实际偏差是实际尺寸减其公称尺寸所得的代数差。

孔和轴的实际偏差分别以 Ea 和 ea 表示，实际偏差具有与实际尺寸相同的特性。

（2）极限偏差（简称偏差）

极限偏差是极限尺寸减其公称尺寸所得的代数差。极限偏差包括相对于公称尺寸的上极限偏差和下极限偏差，如图 1.2 所示。

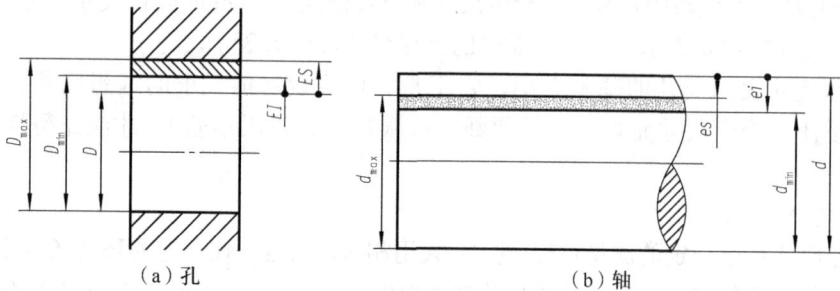

图 1.2　公称尺寸、极限尺寸与极限偏差

1）上极限偏差。上极限尺寸减其公称尺寸所得的代数差为上极限偏差。内尺寸要素（孔）的上极限偏差用 ES 表示，外尺寸要素（轴）的上极限偏差用 es 表示。

孔：上极限偏差 $ES = D_{max} - D$。

轴：上极限偏差 $es = d_{max} - d$。

2）下极限偏差。下极限尺寸减其公称尺寸所得的代数差为下极限偏差。内尺寸要素（孔）的下极限偏差用 EI 表示，外尺寸要素（轴）的下极限偏差用 ei 表示。

孔：下极限偏差 $EI = D_{min} - D$。

轴：下极限偏差 $ei = d_{min} - d$。

上极限偏差总是大于下极限偏差的。标注极限偏差时，上极限偏差标注在公称尺寸右上角，下极限偏差标注在公称尺寸的右下角。偏差值除零外，前面必须带正号或负号。

标注示例如下：

$\phi 50_{-0.031}^{0}$；　$\phi 50_{0}^{+0.031}$；　$\phi 50_{-0.019}^{+0.021}$；　$\phi 50 \pm 0.021$。

【例 1-1】 设计一孔，其直径的公称尺寸为 $\phi 50$mm，上极限尺寸为 $\phi 50.048$mm，下极限尺寸为 $\phi 50.009$mm，求孔的上、下极限偏差。

解：上极限偏差 $ES=D_{max}-D=50.048-50=+0.048$（mm）。

下极限偏差 $EI=D_{min}-D=50.009-50=+0.009$（mm）。

【例 1-2】 设计一轴，其直径的公称尺寸为 $\phi 60$mm，上极限尺寸为 $\phi 60.018$mm，下极限尺寸为 $\phi 59.988$mm。求轴的上、下极限偏差。

解：$es=d_{max}-d=60.018-60=+0.018$（mm）。

$ei=d_{min}-d=59.988-60=-0.012$（mm）。

【例 1-3】 求标注为 $\phi 50_{-0.019}^{+0.021}$ 孔的上、下极限尺寸。

解：$D_{max}=D+ES=50+0.021=50.021$（mm）。

$D_{min}=D+EI=50+(-0.019)=49.981$（mm）。

注意，加工完成后零件尺寸的合格条件常用偏差关系式表示如下。

孔合格的条件：$EI \leqslant Ea \leqslant ES$。

轴合格的条件：$ei \leqslant ea \leqslant es$。

5. 公差与公差带

（1）公差

公差等于上极限尺寸与下极限尺寸之差，或等于上极限偏差与下极限偏差之差。尺寸公差是允许尺寸的变动量，简称公差，如图 1.3 所示。公差是一个没有符号的绝对值，且不能为零。

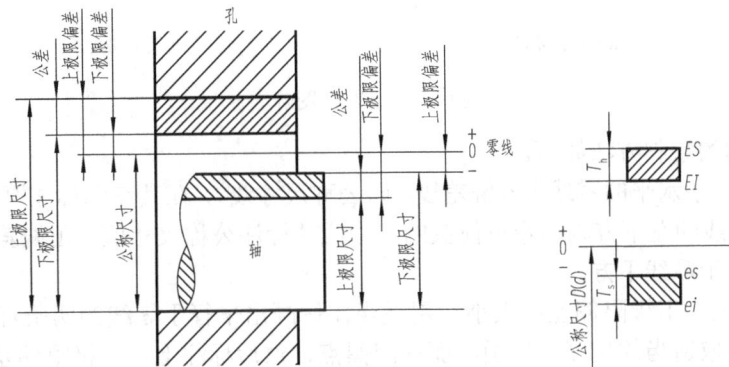

图 1.3　公称尺寸、极限尺寸与公差

孔和轴的尺寸公差分别用 T_h 和 T_s 表示，非孔非轴的尺寸公差用 T_L 表示。

对于孔

$$T_h=D_{max}-D_{min}=ES-EI$$

对于轴

$$T_s=d_{max}-d_{min}=es-ei$$

对于非孔非轴

$$T_L=L_{max}-L_{min}=ES-EI$$

注意，公差与偏差是两个不同的概念。公差表示制造精度的要求，反映加工的难易程度。公称尺寸相同时，公差值越大，工件精度越低，越容易加工；反之，工件精度越高，越难加工。而偏差表示与公称尺寸的偏离程度，可反映公差带的位置，以及影响配合的松紧度，但一般不反映加工难易程度。

（2）公差带及公差带图

1）公差带。公差带是公差带图解中，由代表上极限偏差和下极限偏差或上极限尺寸和下极限尺寸的两条平行直线所限定的区域，公差带是尺寸允许变动的区域，极限与配合的示意图如图 1.3 所示。它表明了一对相互结合的孔和轴的公称尺寸、极限尺寸、极限偏差和公差等主要术语及其相互关系。

2）公差带图。在实用中为简化起见，常不画出孔和轴的全部，而仅画出孔和轴的公差带图解，称为公差带图，如图 1.4 所示。

在公差带图解中，代表公称尺寸的线称为零线。通常，零线水平绘制，正偏差在零线之上，负偏差在零线之下，图 1.4（a）所示为孔公差带，图 1.4（b）所示为轴公差带。

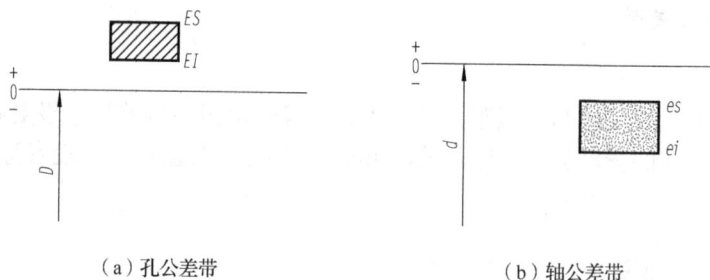

（a）孔公差带   （b）轴公差带

图 1.4 公差带图解

公差带图的绘制方法如下。

① 画出一条水平的零线（零偏差线，即公称尺寸线），在其左端标注符号"+"、"0"和"−"，在零线的左下方画出带单箭头的尺寸线并标注公称尺寸值，正偏差位于零线上方，负偏差位于零线下方。

② 根据上、下极限偏差的大小，用适当比例画出平行于零线的两条直线，沿公差带零线方向选取适当的长度，填画剖面线或黑点，然后标注上、下极限偏差。

由图 1.4 可以看出，尺寸公差带有大小和位置两项特征。公差带的大小由尺寸公差确定，公差带的位置由极限偏差确定。公差值等于上、下极限偏差之间的宽度值，基本偏差通常是指最接近公称尺寸的那个极限偏差。

【例 1-4】已知孔、轴的公称尺寸为 $\phi 65mm$，孔的上极限尺寸 $D_{max}=\phi 65.019mm$，孔的下极限尺寸 $D_{min}=\phi 65mm$，轴的上极限尺寸 $d_{max}=\phi 64.990mm$，轴的下极限尺寸 $d_{min}=\phi 64.977mm$，现测得孔、轴的实际尺寸分别为 $\phi 65.010mm$ 和 $\phi 64.980mm$，求孔和轴的极限偏差、实际偏差及公差，并画出公差带图。

解：1）孔的上极限偏差：$ES=D_{max}-D=65.019-65=+0.019$（mm）。

孔的下极限偏差：$EI=D_{min}-D=65-65=0$（mm）。

轴的上极限偏差：$es=d_{max}-d=64.990-65=-0.010$（mm）。

轴的下极限偏差：$ei=d_{min}-d=64.977-65=-0.023$（mm）。

2）孔的实际偏差：$Ea=65.010-65=+0.010$（mm）。

轴的实际偏差：$ea=64.980-65=-0.020$（mm）。

3）孔的公差：$T_h=D_{max}-D_{min}=65.019-65=0.019$（mm）。

轴的公差：$T_s=d_{max}-d_{min}=64.990-64.977=0.013$（mm）。

4）公差带图如图 1.5 所示。

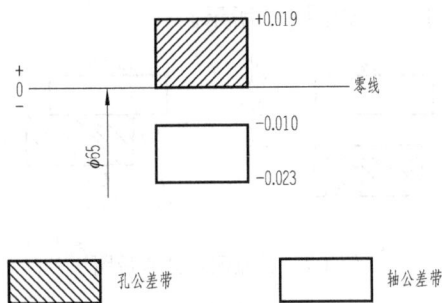

图 1.5 公差带图

6. 配合

类型相同且待装配的外尺寸要素（轴）和内尺寸要素（孔）之间的关系称为配合。配合反映了机器上相互结合的零件之间的松紧程度。应当注意的是组成配合的一组孔和轴，其公称尺寸必须相同。根据相互结合的孔、轴公差带的不同相对位置关系，可把配合分为间隙配合、过盈配合、过渡配合 3 类。

孔的尺寸减去相配合的轴的尺寸所得的代数差为正时叫作间隙，用 X 表示；为负时叫作过盈，用 Y 表示。

（1）间隙配合

孔和轴装配时总是存在间隙的配合（包括最小间隙为零的配合）称为间隙配合，此时孔公差带在轴公差带的上方，如图 1.6 所示。

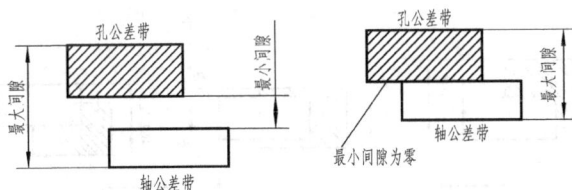

图 1.6 间隙配合公差带图

从图 1.6 中可以看出，孔的上极限尺寸减轴的下极限尺寸所得的代数差，或孔的上极限偏差减轴的下极限偏差所得的代数差，称为最大间隙，用 X_{max} 表示；孔的下极限尺寸减轴的上极限尺寸所得的代数差，或孔的下极限偏差减轴的上极限偏差所得的代数差，称为最小间隙，用 $X_{\min}$ 表示；最大间隙与最小间隙的平均值为平均间隙，用 X_{av} 表示，其计算式如下：

$$X_{\max}=D_{\max}-d_{\min}=ES-ei$$
$$X_{\min}=D_{\min}-d_{\max}=EI-es$$
$$X_{\text{av}}=(X_{\max}+X_{\min})/2$$

由于孔、轴是有公差的，所以实际间隙的大小将随着孔和轴实际（组成）要素的变化而变化。

（2）过盈配合

孔和轴装配时总是存在过盈的配合（包括最小过盈为零的配合）称为过盈配合，此时孔公差带在轴公差带的下方，如图 1.7 所示。

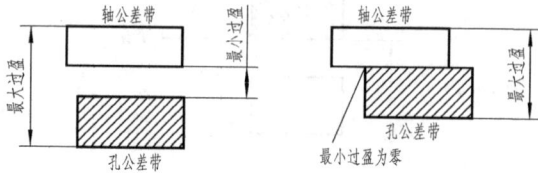

图 1.7 过盈配合公差带图

从图 1.7 中可以看出，孔的下极限尺寸减轴的上极限尺寸所得的代数差，或孔的下极限偏差减轴的上极限偏差所得的代数差，称为最大过盈，用 $Y_{\max}$ 表示；孔的上极限尺寸减轴的下极限尺寸所得的代数差，或孔的上极限偏差减轴的下极限偏差所得的代数差，称为最小过盈，用 $Y_{\min}$ 表示，最大过盈与最小过盈的平均值为平均过盈，用 Y_{av} 表示，其计算公式如下：

$$Y_{\max}=D_{\min}-d_{\max}=EI-es$$
$$Y_{\min}=D_{\max}-d_{\min}=ES-ei$$
$$Y_{\text{av}}=(Y_{\max}+Y_{\min})/2$$

同理，实际过盈也随着孔和轴的实际（组成）要素的变化而变化。

（3）过渡配合

孔和轴装配时可能具有间隙或过盈的配合称为过渡配合。此时孔的公差带与轴的公差带相互交叠，如图 1.8 所示。过渡配合是介于间隙配合和过盈配合之间的一类配合，但其间隙或过盈都不大。

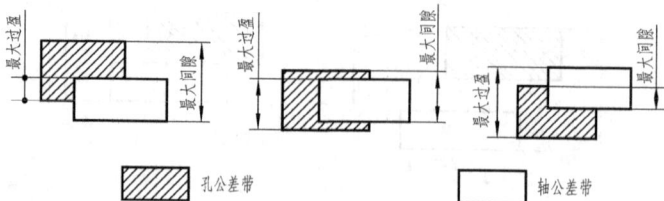

图 1.8 过渡配合公差带图

从图 1.8 中可以看出，在过渡配合中，随着孔、轴的实际尺寸在相应极限尺寸范围内变化，配合的松紧程度可从最大间隙变化到最大过盈。其最大间隙和最大过盈的计算分别与间隙配合的最大间隙和过盈配合的最大过盈相同。在过渡配合中，平均间隙（或过盈）为最大间隙与最大过盈的平均值，所得值为正，称为平均间隙 X_{av}；所得值为负，则称为平均过盈 Y_{av}。其计算式如下：

$$X_{max}=D_{max}-d_{min}=ES-ei$$
$$Y_{max}=D_{min}-d_{max}=EI-es$$
$$X_{av}(\text{或 } Y_{av})=(X_{max}+Y_{max})/2$$

（4）配合公差

组成配合的孔、轴公差之和称为配合公差，即允许间隙或过盈的变动量。配合公差是一个没有符号的绝对值，用 T_f 表示。

对于间隙配合，配合公差等于最大间隙与最小间隙之差；对于过盈配合，配合公差等于最大过盈与最小过盈之差；对于过渡配合，配合公差等于最大间隙与最大过盈之和。其计算式如下。

间隙配合：

$$T_f=|X_{max}-X_{min}|=T_h+T_s$$

过盈配合：

$$T_f=|Y_{max}-Y_{min}|=T_h+T_s$$

过渡配合：

$$T_f=|X_{max}+Y_{max}|=T_h+T_s$$

配合公差的大小反映了配合精度的高低。对一具体的配合，配合公差越大，配合时形成的间隙或过盈的变化量就越大，配合后松紧度变化就越大，配合精度越低。而配合精度与零件的加工精度有关，要提高配合精度，就应减小零件的公差，提高加工精度。各类配合的配合公差带图如图 1.9 所示。配合公差带完全在零线以上的为间隙配合；完全在零线以下的为过盈配合；跨在零线上、下两侧为过渡配合。

配合公差带两端的坐标值代表极限间隙或极限过盈，上、下两端的间距为配合公差。

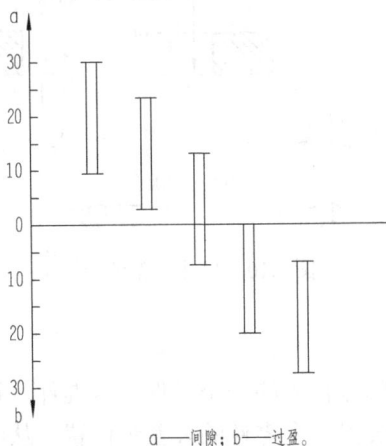

a——间隙；b——过盈。

图 1.9 各类配合的配合公差带图

【例 1-5】已知三对相配合的孔、轴，分别求出每对配合的公称尺寸、极限偏差、公差、极限尺寸、极限间隙、平均间隙、配合公差，指出配合类别，并画出尺寸公差带和配合公差带图。孔、轴尺寸分别如下。

1）孔 $\phi 25_0^{+0.021}$ mm，轴 $\phi 25_{-0.033}^{-0.020}$ mm。

2）孔 $\phi 25_0^{+0.021}$ mm，轴 $\phi 25_{+0.028}^{+0.041}$ mm。

3）孔 $\phi 25_0^{+0.021}$ mm，轴 $\phi 25_{+0.002}^{+0.015}$ mm。

解：各计算结果见表 1.2。

表 1.2　计算结果　　　　　　　　　　（单位：mm）

项目	(1)		(2)		(3)	
	孔	轴	孔	轴	孔	轴
公称尺寸 D（d）	$\phi 25$	$\phi 25$	$\phi 25$	$\phi 25$	$\phi 25$	$\phi 25$
上极限偏差 ES（es）	+0.021	-0.020	+0.021	+0.041	+0.021	+0.015
下极限偏差 EI（ei）	0	-0.033	0	+0.028	0	+0.002
公差 T_h（T_s）	0.021	0.013	0.021	0.013	0.021	0.013
上极限 D_{max}（d_{max}）	25.021	24.980	25.021	25.041	25.021	25.015
下极限 D_{min}（d_{min}）	25.000	24.967	25.000	25.028	25.000	25.002
最大间隙 X_{max}	+0.054		—		+0.019	
最小间隙 X_{min}	+0.020		—		—	
最大过盈 Y_{max}	—		-0.041		-0.015	
最小过盈 Y_{min}	—		-0.007		—	
平均间隙 X_{av}（平均过盈 Y_{av}）	+0.037		-0.024		+0.002	
配合公差 T_f	0.034		0.034		0.034	
配合类别	间隙配合		过盈配合		过渡配合	

尺寸公差带图如图 1.10 所示，配合公差带图如图 1.11 所示。

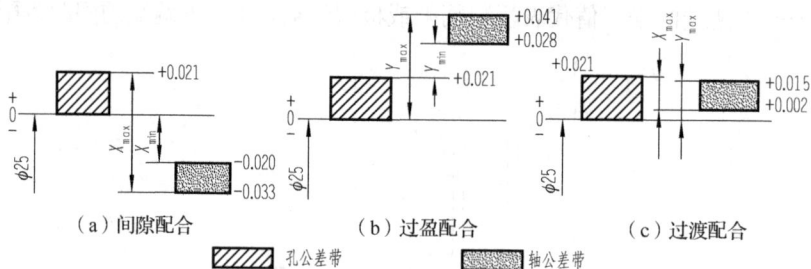

（a）间隙配合　　　　　　（b）过盈配合　　　　　　（c）过渡配合

▨▨▨ 孔公差带　　　　■■■ 轴公差带

图 1.10　尺寸公差带图

7. 基准制（配合制）

基准制是以两个相配合的零件中的一个零件为基准件，并对其选定标准公差带，将其公差带位置固定，然后改变另一个零件的公差带位置，从而形成各种配合的制度。

为了简化和标准化，以尽可能少的标准公差带形成最多种配合，国家标准规定了两种等效的配合基准制，即基孔制和基轴制，如图 1.12 所示。

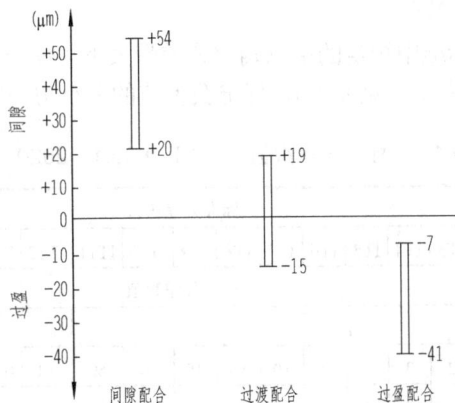

图 1.11　配合公差带图

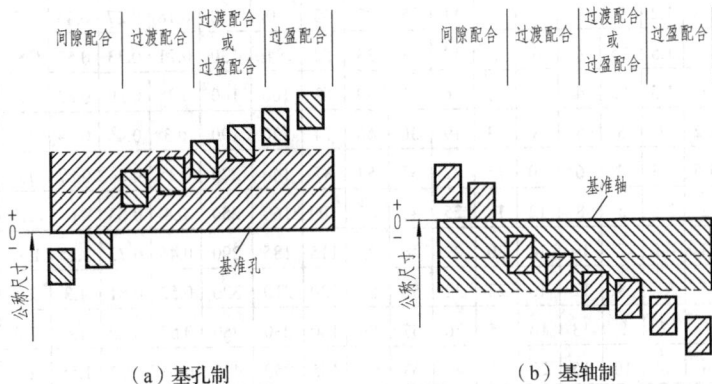

（a）基孔制　　　　　　　　（b）基轴制

图 1.12　两种基准制

（1）基孔制

基本偏差为一定的孔公差带，与不同基本偏差的轴公差带形成各种配合的制度。

基孔制的孔为基准孔，国家标准规定基准孔的公差带在零线上方，其下极限偏差为零。基准孔的代号为 H。

（2）基轴制

基本偏差为一定的轴公差带，与不同基本偏差的孔公差带形成各种配合的制度。

基轴制的轴为基准轴，国家标准规定基准轴的公差带在零线下方，其上极限偏差为零。基准轴的代号为 h。

1.1.4　极限与配合国家标准

1. 标准公差系列

为了实现零部件的互换性和满足各种使用要求，国家标准《产品几何技术规范（GPS）线性尺寸公差 ISO 代号体系　第 1 部分：公差、偏差和配合的基础》（GB/T 1800.1—2020）将公差值标准化了。

（1）标准公差与公差等级

1）标准公差是国家标准中规定的用以确定公差带大小的任一标准公差数值，用符号 IT 和阿拉伯数字组成的代号表示，见表 1.3。标准公差值的大小与公差等级和公称尺寸有关。

表 1.3 标准公差数值（GB/T 1800.1—2020）

公称尺寸/mm		标准公差等级																		
		IT01	IT0	IT1	IT2	IT3	IT4	IT5	IT6	IT7	IT8	IT9	IT10	IT11	IT12	IT13	IT14	IT15	IT16	IT17	IT18
		标准公差数值																		
大于	至	μm													mm						
—	3	0.3	0.5	0.8	1.2	2	3	4	6	10	14	25	40	60	0.1	0.14	0.25	0.4	0.6	1	1.4
3	6	0.4	0.6	1	1.5	2.5	4	5	8	12	18	30	48	75	0.12	0.18	0.3	0.48	0.75	1.2	1.8
6	10	0.4	0.6	1	1.5	2.5	4	6	9	15	22	36	58	90	0.15	0.22	0.36	0.58	0.9	1.5	2.2
10	18	0.5	0.8	1.2	2	3	5	8	11	18	27	43	70	110	0.18	0.27	0.43	0.7	1.1	1.8	2.7
18	30	0.6	1	1.5	2.5	4	6	9	13	21	33	52	84	130	0.21	0.33	0.52	0.84	1.3	2.1	3.3
30	50	0.6	1	1.5	2.5	4	7	11	16	25	39	62	100	160	0.25	0.39	0.62	1	1.6	2.5	3.9
50	80	0.8	1.2	2	3	5	8	13	19	30	46	74	120	190	0.3	0.46	0.74	1.2	1.9	3	4.6
80	120	1	1.5	2.5	4	6	10	15	22	35	54	87	140	220	0.35	0.54	0.87	1.4	2.2	3.5	5.4
120	180	1.2	2	3.5	5	8	12	18	25	40	63	100	160	250	0.4	0.63	1	1.6	2.5	4	6.3
180	250	2	3	4.5	7	10	14	20	29	46	72	115	185	290	0.46	0.72	1.15	1.85	2.9	4.6	7.2
250	315	2.5	4	6	8	12	16	23	32	52	81	130	210	320	0.52	0.81	1.3	2.1	3.2	5.2	8.1
315	400	3	5	7	9	13	18	25	36	57	89	140	230	360	0.57	0.89	1.4	2.3	3.6	5.7	8.9
400	500	4	6	8	10	15	20	27	40	63	97	155	250	400	0.63	0.97	1.55	2.5	4	6.3	9.7
500	630			9	11	16	22	32	44	70	110	175	280	440	0.7	1.1	1.75	2.8	4.4	7	11
630	800			10	13	18	25	36	50	80	125	200	320	500	0.8	1.25	2	3.2	5	8	12.5
800	1000			11	15	21	28	40	56	90	140	230	360	560	0.9	1.4	2.3	3.6	5.6	9	14
1000	1250			13	18	24	33	47	66	105	165	260	420	660	1.05	1.65	2.6	4.2	6.6	10.5	16.5
1250	1600			15	21	29	39	55	78	125	195	310	500	780	1.25	1.95	3.1	5	7.8	12.5	19.5
1600	2000			18	25	35	46	65	92	150	230	370	600	920	1.5	2.3	3.7	6	9.2	15	23
2000	2500			22	30	41	55	78	110	175	280	440	700	1100	1.75	2.8	4.4	7	11	17.5	28
2500	3150			26	36	50	68	96	135	210	330	540	860	1350	2.1	3.3	5.4	8.6	13.5	21	33

注：1）公称尺寸大于 500mm 的 IT1～IT5 的标准公差数值为试行的；

2）公称尺寸小于或等于 1mm 时，无 IT4～IT8。

2）公差等级。公差等级是确定尺寸精确程度的等级。国家标准在公称尺寸至 3150mm 内规定了 20 个公差等级，用代号 IT01，IT0，IT1，IT2，IT3，…，IT18 表示。IT01 的精度等级最高，其余依次降低。

由标准公差数值表可知，当公称尺寸相同时，公差值随公差等级的降低而增大；大体上，当公差等级相同时，公差值随公称尺寸的增大而增大。

（2）公差值的计算

表 1.3 中所列标准公差是按公式计算后，根据一定规则圆整尾数后确定的。常用尺寸段（公称尺寸至 500mm）内，标准公差计算公式见表 1.4。

表 1.4　尺寸不大于 500mm 的标准公差计算公式

公差等级	计算公式	公差等级	计算公式	公差等级	计算公式
IT01	$0.3+0.008D$	IT6	$10i$	IT13	$250i$
IT0	$0.5+0.012D$	IT7	$16i$	IT14	$400i$
IT1	$0.8+0.020D$	IT8	$25i$	IT15	$640i$
IT2	$(IT1)(IT5/IT1)^{1/4}$	IT9	$40i$	IT16	$1000i$
IT3	$(IT1)(IT5/IT1)^{2/4}$	IT10	$64i$	IT17	$1600i$
IT4	$(IT1)(IT5/IT1)^{3/4}$	IT11	$100i$	IT18	$2500i$
IT5	$7i$	IT12	$160i$		

（3）公差单位（i）

公差单位是用来计算标准公差的一个基本单位，是制定标准公差系列表格的基础。它随公称尺寸 D 而变化，其计算公式是通过大量实验得出的。当公称尺寸小于等于 500mm 时，公差等级 IT5～IT18 的单位由下式计算：

$$i = 0.45\sqrt[3]{D} + 0.001D$$

式中，i 单位为微米（μm）；D 是公称尺寸段的几何平均值，单位为 mm。

（4）公称尺寸

分段计算标准公差值时，为避免既烦琐又不必要的工作，标准规定将公称尺寸分段来计算公差值。规定同一尺寸段内的所有公称尺寸，在相同公差等级情况下，具有同一个标准公差。标准中将小于等于 500mm 的尺寸共分成 13 个尺寸段，以简化标准公差表格，见表 1.5。

表 1.5　公称尺寸的分段　　　　　　　　　　　（单位：mm）

主段落		中间段落		主段落		中间段落	
大于	到	大于	到	大于	到	大于	到
	3			120	180	120	140
3	6					140	160
6	10					160	180
10	18	10	14	180	250	180	200
		14	18			200	225
18	30	18	24			225	250
		24	30	250	315	250	280
30	50	30	40			280	315
		40	50	315	400	315	365
50	80	50	65			365	400
		65	80	400	500	400	450
80	120	80	100			450	500
		100	120				

分段后的标准公差计算公式中，D 应取每一尺寸段首尾两个尺寸的几何平均值代入计算。例如，对 18～30mm 尺寸段，其几何平均尺寸 $D = \sqrt{18 \times 30} = 23.24$（mm）。实际工作中，标准公差值可用查表法由表 1.3 直接确定。

2. 基本偏差系列

（1）基本偏差代号及特征

孔、轴的上、下极限偏差中，距离零线最近的偏差即为基本偏差。因此公差带在零线以上的，下极限偏差为基本偏差；公差带在零线以下的，上极限偏差为基本偏差。

GB/T 1800.1—2020 已经将基本偏差标准化了。该标准对孔、轴各规定了 28 种基本偏差，其代号用拉丁字母表示，大写字母表示孔，小写字母表示轴。28 种基本偏差的代号，由 26 个拉丁字母中去掉 5 个容易与其他参数混淆的字母 I、L、O、Q、W（i、l、o、q、w），再增加 7 个双写字母 CD、EF、FG、ZA、ZB、ZC、JS（cd、ef、fg、za、zb、zc、js）组成。这 28 种基本偏差构成了基本偏差系列。

基本偏差系列如图 1.13 所示。图中仅绘出公差带一端的界线，表示基本偏差；另一端则取决于标准公差的大小。

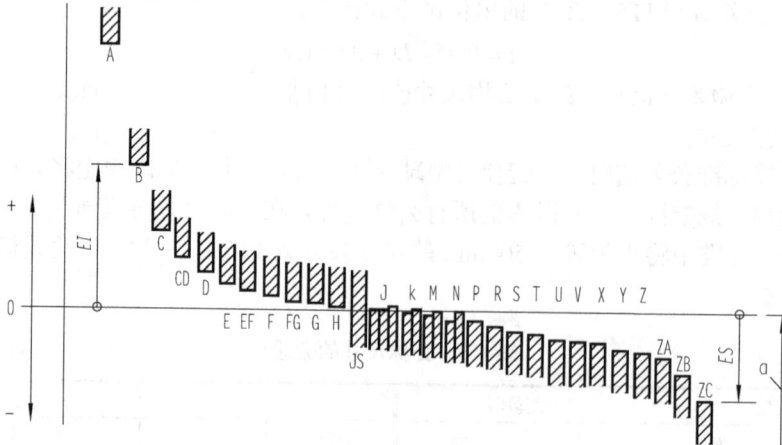

（a）孔（内尺寸要素）

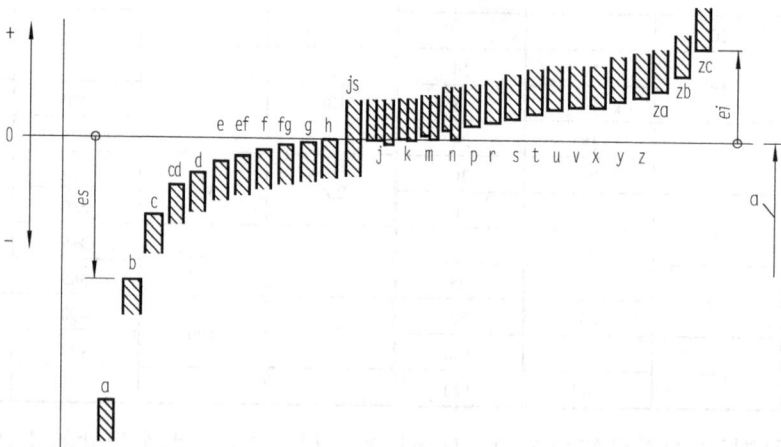

（b）轴（外尺寸要素）

图 1.13　基本偏差系列

基本偏差系列图的主要特征如下。

1）在孔的基本偏差系列中，A～H 的基本偏差为下极限偏差，J～ZC 的基本偏差为上极限偏差。

2）在轴的基本偏差系列中，a～h 的基本偏差为上极限偏差，j～zc 的基本偏差为下极限偏差。

3）A～H（a～h）基本偏差的绝对值逐渐减小，J～ZC（j～zc）基本偏差的绝对值一般为逐渐增大。

4）H（h）的基本偏差为零，即 H 的下极限偏差 EI=0；h 的上极限偏差 es=0。

5）JS（js）的公差带完全对称地配置在零线两侧，上、下极限偏差均可作为基本偏差。

（2）基本偏差数值

1）轴的基本偏差数值。轴的基本偏差数值是以基孔制配合为基础，按照各种配合要求，再根据生产实践经验和统计分析结果得出的一系列公式经计算后圆整尾数而得出的。为了方便使用，国家标准列出了轴的基本偏差数值见表 1.6。

基本偏差 a～h 的轴与基准孔（H）组成间隙配合，其中 a、b、c 用于大间隙和热动配合；d、e、f 主要用于旋转运动；g 主要用于滑动和半液体摩擦，或用于定位配合；h 与 H 形成最小间隙等于零的一种间隙配合，常用于定位配合。j～n 主要用于过渡配合，以保证配合时有较好的对中及定心，装拆也不困难，其中 j 主要用于和轴承相配合的孔和轴。p～zc 按过盈配合来确定，从保证配合的主要特性最小过盈来考虑，而且大多数是按它们与最常用的基准孔 H7 相配合为基础来考虑的。

轴的基本偏差可查表 1.6 确定，其另一个极限偏差可由国家标准 GB/T 1800.2—2020 中轴的极限偏差数值表中查取，也可根据轴的基本偏差数值和标准公差值，按下列关系计算确定。

基本偏差为下极限偏差时：

$$es=ei+IT$$

基本偏差为上极限偏差时：

$$ei=es-IT$$

2）孔的基本偏差数值。孔的基本偏差是根据同字母轴的基本偏差按一定规则换算得到的，表 1.7 所示为孔的基本偏差数值。换算原则是保证同名配合的性质不变，即当基孔制配合（如 ϕ 30H9/f9）变成同名基轴制配合（如 ϕ 30F9/h9）时，其配合性质不变。

根据上述原则，一般孔的基本偏差与同字母轴的基本偏差相对于零线是完全对称的，如图 1.13 所示。孔的基本偏差与同字母轴的基本偏差（如 F 对应 f）之间有下述关系。

① 完全对应关系。即轴的基本偏差是上极限偏差，则孔的基本偏差必是下极限偏差；而轴的基本偏差是下极限偏差，则孔的基本偏差必是上极限偏差，同时偏差值的绝对值不变，符号相反。应用范围如下。

对 A～H 所有等级：

$$EI=-es$$

对 K～N>8 级：

$$ES=-ei$$

对 P～ZC>7 级：

$$ES=-ei$$

② 不完全对称关系。即在完全对应的基础上，孔的基本偏差与同名轴基本偏差的符号相反，但绝对值应再增加一个 Δ 值。即 $ES=-ei+\Delta$。应用范围如下：对公称尺寸≥3～500mm，≤IT8 的 K、M、N；对公称尺寸≥3～500mm，≤IT7 的 P～ZC。

③ J 和 j 是例外，JS 和 js 则完全相同。

孔的基本偏差可查表 1.7 确定。也可根据孔的基本偏差数值和标准公差值，按下列关系计算确定。

基本偏差为下极限偏差时：

$$ES=EI+IT$$

基本偏差为上极限偏差时：

$$EI=ES-IT$$

表 1.6　公称尺寸至 1000mm 轴的基本偏差数值（GB/T 1800.1—2020）

公称尺寸/mm		基本偏差数值（上极限偏差 es）/μm											基本偏差数值（下极限偏差 ei）/μm				
大于	至	所有公差等级											IT5、IT6	IT7	IT8	IT4～IT7	≤IT3, >IT7
		a	b	c	cd	d	e	ef	f	fg	g	h	js	j			k
—	3	−270	−140	−60	−34	−20	−14	−10	−6	−4	−2	0	偏差=±ITn/2。式中，n 为标准公差等级数	−2	−4	−6	0	0
3	6	−270	−140	−70	−46	−30	−20	−14	−10	−6	−4	0		−2	−4		+1	0
6	10	−280	−150	−80	−56	−40	−25	−18	−13	−8	−5	0		−2	−5		+1	0
10	14	−290	−150	−95		−50	−32		−16		−6	0		−3	−6		+1	0
14	18																	
18	24	−300	−160	−110		−65	−40		−20		−7	0		−4	−8		+2	0
24	30																	
30	40	−310	−170	−120		−80	−50		−25		−9	0		−5	−10		+2	0
40	50	−320	−180	−130														
50	65	−340	−190	−140		−100	−60		−30		−10	0		−7	−12		+2	0
65	80	−360	−200	−150														
80	100	−380	−220	−170		−120	−72		−36		−12	0		−9	−15		+3	0
100	120	−410	−240	−180														
120	140	−460	−260	−200		−145	−85		−43		−14	0		−11	−18		+3	0
140	160	−520	−280	−210														
160	180	−580	−310	−230														
180	200	−660	−340	−240		−170	−100		−50		−15	0		−13	−21		+4	0
200	225	−740	−380	−260														
225	250	−820	−420	−280														
250	280	−920	−480	−300		−190	−110		−56		−17	0		−16	−26		+4	0
280	315	−1050	−540	−330														

续表

公称尺寸/mm		基本偏差数值（上极限偏差 es）/μm												基本偏差数值（下极限偏差 ei）/μm				
		所有公差等级												IT5、IT6	IT7	IT8	IT4~IT7	≤IT3 >IT7
大于	至	a	b	c	cd	d	e	ef	f	fg	g	h	js	j			k	
315	355	-1200	-600	-360		-210	-125		-62		-18	0	偏差=±ITn/2。式中，n 为标准公差等级数	-18	-28		+4	0
355	400	-1350	-680	-400		-210	-125		-62		-18	0		-18	-28		+4	0
400	450	-1500	-760	-440		-230	-135		-68		-20	0		-20	-32		+5	0
450	500	-1650	-840	-480		-230	-135		-68		-20	0		-20	-32		+5	0
500	560					-260	-145		-76		-22	0					0	0
560	630					-260	-145		-76		-22	0					0	0
630	710					-290	-160		-80		-24	0					0	0
710	800					-290	-160		-80		-24	0					0	0
800	900					-320	-170		-86		-26	0					0	0
900	1000					-320	-170		-86		-26	0					0	0

公称尺寸/mm		基本偏差数值（下极限偏差 ei）/μm												
		所有公差等级												
大于	至	m	n	p	r	s	t	u	v	x	y	z	za	zb	zc
—	3	+2	+4	+6	+10	+14		+18		+20		+26	+32	+40	+60
3	6	+4	+8	+12	+15	+19		+23		+28		+35	+42	+50	+80
6	10	+6	+10	+15	+19	+23		+28		+34		+42	+52	+67	+97
10	14	+7	+12	+18	+23	+28		+33		+40		+50	+64	+90	+130
14	18	+7	+12	+18	+23	+28		+33	+39	+45		+60	+77	+108	+150
18	24	+8	+15	+22	+28	+35		+41	+47	+54	+63	+73	+98	+136	+188
24	30	+8	+15	+22	+28	+35	+41	+48	+55	+64	+75	+88	+118	+160	+218
30	40	+9	+17	+26	+34	+43	+48	+60	+68	+80	+94	+112	+148	+200	+274
40	50	+9	+17	+26	+34	+43	+54	+70	+81	+97	+114	+136	+180	+242	+325
50	65	+11	+20	+32	+41	+53	+66	+87	+102	+122	+144	+172	+226	+300	+405
65	80	+11	+20	+32	+43	+59	+75	+102	+120	+146	+174	+210	+274	+360	+480
80	100	+13	+23	+37	+51	+71	+91	+124	+146	+178	+214	+258	+335	+445	+585
100	120	+13	+23	+37	+54	+79	+104	+144	+172	+210	+254	+310	+400	+525	+690
120	140	+15	+27	+43	+63	+92	+122	+170	+202	+248	+300	+365	+470	+620	+800
140	160	+15	+27	+43	+65	+100	+134	+190	+228	+280	+340	+415	+535	+700	+900
160	180	+15	+27	+43	+68	+108	+146	+210	+252	+310	+380	+465	+600	+780	+1000
180	200	+17	+31	+50	+77	+122	+166	+236	+284	+350	+425	+520	+670	+880	+1150
200	225	+17	+31	+50	+80	+130	+180	+258	+310	+385	+470	+575	+740	+960	+1250
225	250	+17	+31	+50	+84	+140	+196	+284	+340	+425	+520	+640	+820	+1050	+1350

续表

公称尺寸/mm		基本偏差数值（下极限偏差 *ei*）/μm												
大于	至	所有公差等级												
		m	n	p	r	s	t	u	v	x	y	z	za	zb	zc
250	280	+20	+34	+56	+94	+158	+218	+315	+385	+475	+580	+710	+920	+1200	+1550
280	315				+98	+170	+240	+350	+425	+525	+650	+790	+1000	+1300	+1700
315	355	+21	+37	+62	+108	+190	+268	+390	+475	+590	+730	+900	+1150	+1500	+1900
355	400				+114	+208	+294	+435	+530	+660	+820	+1000	+1300	+1650	+2100
400	450	+23	+40	+68	+126	+232	+330	+490	+595	+740	+920	+1100	+1450	+1850	+2400
450	500				+132	+252	+360	+540	+660	+820	+1000	+1250	+1600	+2100	+2600
500	560	+26	+44	+78	+150	+280	+400	+600							
560	630				+155	+310	+450	+660							
630	710	+30	+50	+88	+175	+340	+500	+740							
710	800				+185	+380	+560	+840							
800	900	+34	+56	+100	+210	+430	+620	+940							
900	1000				+220	+470	+680	+1050							

注：1）公称尺寸小于或等于 1mm 时，基本偏差 a 和 b 均不采用；

2）公差带 js7～js11，若 ITn 值是奇数，则取偏差为 $\pm IT(n-1)/2$。

表 1.7 公称尺寸至 1000mm 孔的基本偏差数值（GB/T 1800.1—2020）

公称尺寸/mm		基本偏差数值（下极限偏差 EI）/μm												基本偏差数值（上极限偏差 ES）/μm								
大于	至	所有公差等级											JS	IT6	IT7	IT8	≤IT8	>IT8	≤IT8	>IT8	≤IT8	>IT8
		A	B	C	CD	D	E	EF	F	FG	G	H		J			K		M		N	
—	3	+270	+140	+60	+34	+20	+14	+10	+6	+4	+2	0		+2	+4	+6	0	0	-2	-2	-4	-4
3	6	+270	+140	+70	+46	+30	+20	+14	+10	+6	+4	0		+5	+6	+10	-1+Δ		-4+Δ	-4	-8+Δ	0
6	10	+280	+150	+80	+56	+40	+25	+18	+13	+8	+5	0		+5	+8	+12	-1+Δ		-6+Δ	-6	-10+Δ	0
10	14	+290	+150	+95		+50	+32		+16		+6	0		+6	+10	+15	-1+Δ		-7+Δ	-7	-12+Δ	0
14	18												偏差=±ITn/2.									
18	24	+300	+160	+110		+65	+40		+20		+7	0	式中,	+8	+12	+20	-2+Δ		-8+Δ	-8	-15+Δ	0
24	30												n 为标									
30	40	+310	+170	+120		+80	+50		+25		+9	0	准公差	+10	+14	+24	-2+Δ		-9+Δ	-9	-17+Δ	0
40	50	+320	+180	+130									等级数									
50	65	+340	+190	+140		+100	+60		+30		+10	0		+13	+18	+28	-2+Δ		-11+Δ	-11	-20+Δ	0
65	80	+360	+200	+150																		
80	100	+380	+220	+170		+120	+72		+36		+12	0		+16	+22	+34	-3+Δ		-13+Δ	-13	-23+Δ	0
100	120	+410	+240	+180																		
120	140	+460	+260	+200		+145	+85		+43		+14	0		+18	+26	+41	-3+Δ		-15+Δ	-15	-27+Δ	0
140	160	+520	+280	+210																		

公称尺寸/mm		基本偏差数值（下极限偏差 *EI*）/μm											基本偏差数值（上极限偏差 *ES*）/μm								
													IT6	IT7	IT8	≤IT8	>IT8	≤IT8	>IT8	≤IT8	>IT8
大于	至	所有公差等级											J			K		M		N	
		A	B	C	CD	D	E	EF	F	FG	G	H	JS								
160	180	+580	+310	+230		+145	+85		+43		+14	0		+18	+26	+41	-3+Δ		-15		-27+Δ	0
180	200	+660	+340	+240		+170	+100		+50		+15	0		+22	+30	+47	-4+Δ		-17		-31+Δ	0
200	225	+740	+380	+260																		
225	250	+820	+420	+280									偏差=±IT*n*/2。式中，*n* 为标准公差等级数									
250	280	+920	+480	+300		+190	+110		+56		+17	0		+25	+36	+55	-4+Δ		-20		-34+Δ	0
280	315	+1050	+540	+330																		
315	355	+1200	+600	+360		+210	+125		+62		+18	0		+29	+39	+60	-4+Δ		-21		-37+Δ	0
355	400	+1350	+680	+400																		
400	450	+1500	+760	+440		+230	+135		+68		+20	0		+33	+43	+66	-5+Δ		-23		-40+Δ	0
450	500	+1650	+840	+480																		
500	560					+260	+145		+76		+22	0					0		-26		-44	
560	630																					
630	710					+290	+160		+80		+24	0					0		-30		-50	
710	800																					
800	900					+320	+170		+86		+26	0					0		-34		-56	
900	1000																					

公称尺寸/mm		基本偏差数值（上极限偏差 *ES*）/μm												*Δ* 值/μm					
		≤IT7	大于 IT7 的标准公差等级											标准公差等级					
大于	至	P 至 ZC	P	R	S	T	U	V	X	Y	Z	ZA	ZB	ZC	IT3	IT4	IT5	IT6	IT7	IT8
—	3	在大于 IT7 的标准公差等级的基本偏差数值上增加一个 *Δ* 值	-6	-10	-14		-18		-20		-26	-32	-40	-60	0	0	0	0	0	0
3	6		-12	-15	-19		-23		-28		-35	-42	-50	-80	1	1.5	1	3	4	6
6	10		-15	-19	-23		-28		-34		-42	-52	-67	-97	1	1.5	2	3	6	7
10	14		-18	-23	-28		-33		-40		-50	-64	-90	-130	1	2	3	3	7	9
14	18							-39	-45		-60	-77	-108	-150						
18	24		-22	-28	-35		-41	-47	-54	-63	-73	-98	-136	-188	1.5	2	3	4	8	12
24	30					-41	-48	-55	-64	-75	-88	-118	-160	-218						
30	40		-26	-34	-43	-48	-60	-68	-80	-94	-112	-148	-200	-274	1.5	3	4	5	9	14
40	50					-54	-70	-81	-97	-114	-136	-180	-242	-325						
50	65		-32	-41	-53	-66	-87	-102	-122	-144	-172	-226	-300	-405	2	3	5	6	11	16
65	80			-43	-59	-75	-102	-120	-146	-174	-210	-274	-360	-480						
80	100		-37	-51	-71	-91	-124	-146	-178	-214	-258	-335	-445	-585	2	4	5	7	13	19
100	120			-54	-79	-104	-144	-172	-210	-254	-310	-400	-525	-690						
120	140		-43	-63	-92	-122	-170	-202	-248	-300	-365	-470	-620	-800	3	4	6	7	15	23
140	160			-65	-100	-134	-190	-228	-280	-340	-415	-535	-700	-900						

续表

公称尺寸/mm		基本偏差数值（上极限偏差 ES）/µm													Δ 值/µm					
大于	至	≤IT7	大于 IT7 的标准公差等级												标准公差等级					
大于	至	P至ZC	P	R	S	T	U	V	X	Y	Z	ZA	ZB	ZC	IT3	IT4	IT5	IT6	IT7	IT8
160	180	在大于IT7的标准公差等级的基本偏差数值上增加一个Δ值	-43	-68	-108	-146	-210	-252	-310	-380	-465	-600	-780	-1000	3	4	6	7	15	23
180	200		-50	-77	-122	-166	-236	-284	-350	-425	-520	-670	-880	-1150	3	4	6	9	17	26
200	225			-80	-130	-180	-258	-310	-385	-470	-575	-740	-960	-1250						
225	250			-84	-140	-196	-284	-340	-425	-520	-640	-820	-1050	-1350						
250	280		-56	-94	-158	-218	-315	-385	-475	-580	-710	-920	-1200	-1550	4	4	7	9	20	29
280	315			-98	-170	-240	-350	-425	-525	-650	-790	-1000	-1300	-1700						
315	355		-62	-108	-190	-268	-390	-475	-590	-730	-900	-1150	-1500	-1900	4	5	7	11	21	32
355	400			-114	-208	-294	-435	-530	-660	-820	-1000	-1300	-1650	-2100						
400	450		-68	-126	-232	-330	-490	-595	-740	-920	-1100	-1450	-1850	-2400	5	5	7	13	23	34
450	500			-132	-252	-360	-540	-660	-820	-1000	-1250	-1600	-2100	-2600						
500	560		-78	-150	-280	-400	-600													
560	630			-155	-310	-450	-660													
630	710		-88	-175	-340	-500	-740													
710	800			-185	-380	-560	-840													
800	900		-100	-210	-430	-620	-940													
900	1000			-220	-470	-680	-1050													

注：1）公称尺寸≤1mm 时，不适用基本偏差 A 和 B；

2）公称尺寸≤1mm 时，不使用标准公差等级>IT8 的基本偏差 N；

3）所需 Δ 值从表内右侧选取。

3）基本偏差数值表的应用。孔、轴基本偏差的数值已经标准化，生产实际中直接查表应用即可。查表步骤如下。

① 根据基本偏差代号的大、小写决定查轴还是孔的基本偏差表。

② 在表的横行中找到该代号，并查出该代号基本偏差是上极限偏差还是下极限偏差。

③ 以公称尺寸所在的尺寸段为横行，以该代号为竖列，其相交处为基本偏差数值。

【例 1-6】查表确定 $\phi30e7$、$\phi35js6$、$\phi70M9$ 的基本偏差，并计算其另一个极限偏差。

解：1）$\phi30e7$。

查表 1.6，$es=-0.040$mm；

查表 1.3，IT7$=0.021$mm；

另一个极限偏差 $ei=es-$IT7$=(-0.040-0.021)$mm$=-0.061$mm；

标注：$\phi30^{-0.040}_{-0.061}$。

2）$\phi35js6$。

查表 1.3，IT6$=0.016$mm；

查表 1.6，$es=+($IT$/2)=+(0.016/2)$mm$=+0.008$mm；

ei=−(IT/2)=−(0.016/2)mm=−0.008mm；

标注：$\phi 35\pm 0.008$。

3）$\phi 70M9$。

查表 1.7，*ES*=−0.011mm；

查表 1.3，IT9=0.074mm；

另一个极限偏差 *EI*=*ES*−IT9=(−0.011−0.074)mm=−0.085mm；

标注：$\phi 70^{-0.011}_{-0.085}$。

3. 公差带与配合

（1）公差带代号与配合代号

1）公差带代号。孔、轴的公差带代号由基本偏差代号和标准公差等级数字两部分组成。如 H7、F7、P6 等为孔的公差带代号；h7、g6、m6 等为轴的公差带代号。

2）配合代号。当孔和轴组成配合时，配合代号写成分数形式，分子为孔的公差带代号，分母为轴的公差带代号，如 $\dfrac{H7}{f6}$ 或 H7/f6。如果指某公称尺寸的配合，则配合代号标在公称尺寸之后，如 $\phi 50H7/f6$。

（2）图样中公差与配合的标注

在零件图中，线性尺寸的公差标在公称尺寸之后，共有 3 种标注形式：一是只标注公差带代号；二是只标注上、下极限偏差；三是既标注公差带代号，又标注上、下极限偏差，偏差值用括号括起来，如图 1.14 所示。在装配图中，一般只标注配合代号，如图 1.15 所示。

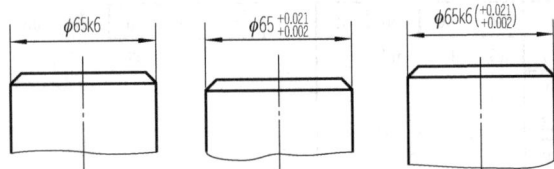

图 1.14 尺寸公差带的标注

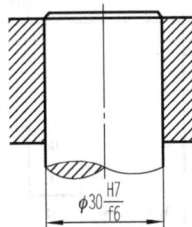

图 1.15 配合的标注

（3）常用和优先的公差带与配合

GB/T 1800.1—2020 规定了 20 个等级的标准公差和 28 种基本偏差，它们可以组成很多种公差带，由孔和轴公差带又能组成大量的配合。如果在生产实践中全部投入使用，既不利于生产又不便于使用。因此，国家标准在满足实际需要和考虑生产发展需要的前提下，为了尽量减少零件、定值刀具、定值量具和工艺装备的品种和规格，对所选用的公差带与配合作了必要的限制。

公称尺寸不大于 500mm 范围内，GB/T 1800.1—2020 规定了一般用途的轴公差带共 116 种，图 1.16 中所列的为 50 种常用公差带，其中方框圈选的为 17 种优先公差带。一般用途的孔公差带有 105 种，图 1.17 中所列为 45 种常用公差带，其中方框选的 17 种为优先公差带。

```
                              g5  h5  js5 k5  m5  n5  p5  r5  s5  t5
                      f6  g6  h6  js6 k6  m6  n6  p6  r6  s6  t6  u6  x6
                  e7  f7      h7  js7 k7  m7  n7  p7  r7  s7  t7  u7
              d8  e8  f8          h8
      b9  c9  d9  e9                  h9
              d10                     h10
  a11 b11 c11                         h11
```

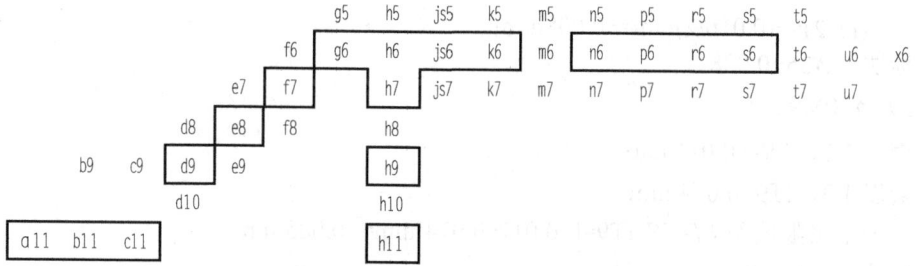

图 1.16　常用和优先轴用公差带

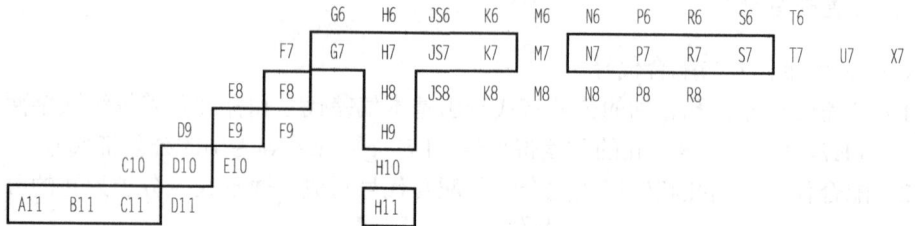

```
                              G6  H6  JS6 K6  M6  N6  P6  R6  S6  T6
                      F7  G7  H7  JS7 K7  M7  N7  P7  R7  S7  T7  U7  X7
                  E8  F8      H8  JS8 K8  M8  N8  P8  R8
              D9  E9  F9          H9
          C10 D10 E10             H10
  A11 B11 C11 D11                 H11
```

图 1.17　常用和优先孔用公差带

GB/T 1800.1—2020 在上述孔、轴公差带的基础上还规定了优先配合和常用配合。规定基孔制的常用配合 45 种，其中包含优先配合 16 种，见表 1.8。规定基轴制的常用配合 38 种，其中包含优先配合 18 种，见表 1.9。

表 1.8　基孔制优先、常用配合

基准孔	间隙配合							过渡配合				过盈配合						
	b	c	d	e	f	g	h	js	k	m	n	n	p	r	s	t	u	x
H6						g5	h5	js5	k5	m5		n5	p5					
H7					f6	g6	h6	js6	k6	m6	n6		p6	r6	s6	t6	u6	x6
H8				e7	f7		h7	js7	k7	m7					s7		u7	
			d8	e8	f8		h8											
H9			d8	e8	f8		h8											
H10	b9	c9	d9	e9			h9											
H11	b11	c11	d10				h10											

注：加框的为优先配合。

表 1.9　基轴制优先、常用配合

基准轴	间隙配合							过渡配合				过盈配合						
	B	C	D	E	F	G	H	JS	K	M	N	N	P	R	S	T	U	X
h5						G6	H6	JS6	K6	M6		N6	P6					
h6					F7	G7	H7	JS7	K7	M7	N7		P7	R7	S7	T7	U7	X7
h7				E8	F8		H8											
h8			D9	E9	F9		H9											
				E8	F8		H8											
h9			D9	E9	F9		H9											
	B11	C10	D10				H10											

注：加框的为优先配合；

设计人员应优先选用优先配合，其次选择常用配合。在实际生产中，如因特殊需要或其他的充分理由，也允许采用非基准制的配合，即非基准孔与非基准轴的配合，如G8/m7、F7/n6 等。

4. 一般公差——线性尺寸的未注公差

（1）一般公差的概念

一般公差是指在车间普通工艺条件下，机床设备一般加工能力即可保证的公差。它代表车间一般的、经济的加工精度，通常可不检验，主要由工艺装备和加工者自行控制。

一般公差主要用于低精度的非配合尺寸。采用一般公差的尺寸，只标注其公称尺寸，不需要标出其极限偏差值。

（2）一般公差的优点

应用一般公差具有以下优点。

1）简化制图，使图样清晰、易读。

2）节约图样设计时间，设计时只要熟悉和会用一般公差的规定，不必逐一考虑公差值。

3）明确了哪些尺寸可由一般工艺水平保证，从而可简化对这些尺寸的检验要求，有助于质量管理。

4）突出了图样上注出公差的重要尺寸，以便在加工和检验时引起重视。

5）明确了图样上尺寸的一般公差要求，便于供需双方达成加工和销售合同协议，可避免交货时不必要的争议。

（3）一般公差的公差等级

国家标准《一般公差　未注公差的线性和角度尺寸的公差》（GB/T 1804—2000）中，对线性尺寸的一般公差规定了 4 个公差等级，分别为精密级 f、中等级 m、粗糙级 c 和最粗级 v。对适用尺寸也采用了较大的分段。其极限偏差数值见表 1.10。

表 1.10　线性尺寸的极限偏差数值　　　　　　（单位：mm）

公差等级	尺寸分段							
	0.5~3	>3~6	>6~30	>30~120	>120~400	>400~1000	>1000~2000	>2000~4000
f（精密级）	±0.05	±0.05	±0.1	±0.15	±0.2	±0.3	±0.5	—
m（中等级）	±0.1	±0.1	±0.2	±0.3	±0.5	±0.8	±1.2	±2
c（粗糙级）	±0.2	±0.3	±0.5	±0.8	±1.2	±2	±3	±4
v（最粗级）	—	±0.5	±1	±1.5	±2.5	±4	±6	±8

（4）线性尺寸一般公差的表示方法

线性尺寸一般公差可在图样上或技术文件中用国家标准号和公差等级代号表示。例如，当选用中等级 m 时，可在零件图标题栏上方标注"未注公差尺寸按 GB/T 1804—2000—m"。

1.1.5　极限与配合的选用

合理地选择极限与配合对保证机械产品的使用性能、使用寿命和经济性有着重要的作用。因此，在机械设计中确定了孔、轴的公称尺寸后，还需要对尺寸进行精度设计。精度设计的方法有以下 3 种。

1）计算法。通过理论计算确定极限间隙或极限过盈，然后确定孔、轴公差带的方法。这种方法比较科学，但是比较麻烦。

2）类比法。参考工作条件和使用要求相似的、经过实践验证的、工作情况良好的、类似结合的公差与配合来确定需要的配合的方法。这种方法是目前应用最多的一种方法，本书重点介绍用此方法选择极限与配合。

3）试验法。对机器工作性能影响很大，而又特别重要的配合，用专门的试验来确定其最佳的公差与配合的方法。这种方法可靠、合理，但成本太高。

极限与配合的选用主要包括选用基准制、公差等级与配合类别 3 方面。

1. 基准制的选用

基准制包括基孔制和基轴制。基准制的选用主要从产品结构、工艺性能和经济效益等多方面综合考虑。

（1）一般情况下优先选用基孔制

加工孔比加工轴困难，而且所用的刀具、量具尺寸规格也较多。采用基孔制可以大大减少定值刀具、定值量具的规格和数量，从而降低生产成本，提高加工的经济性。

（2）由于受到结构和原材料的限制需要选用基轴制

图 1.18（a）所示为活塞销与连杆及活塞的配合。根据使用要求，活塞销与活塞的配合应为过渡配合，活塞销与连杆的配合应为间隙配合。若三段配合都选用基孔制，则其公差带图如图 1.18（b）所示，活塞销做成两头大、中间小的台阶形，不仅不利于加工，而且装配困难。若选用基轴制，则其公差带图如图 1.18（c）所示，活塞销是一根光轴，利于加工和装配。再如，当采用冷拔钢作轴时，由于冷拔钢本身的尺寸精度已能满足使用要求，不需要再加工外圆，选用基轴制比较经济。

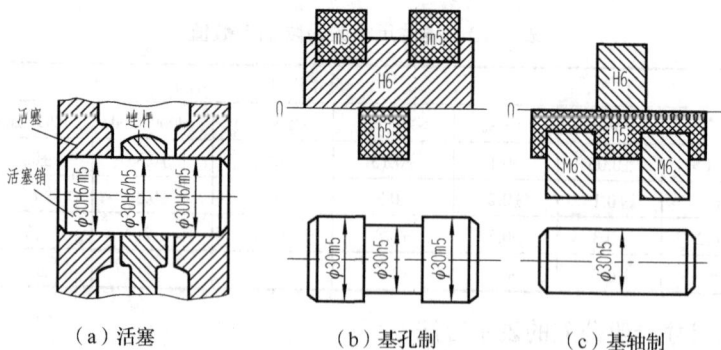

（a）活塞　　　　　　　（b）基孔制　　　　　　（c）基轴制

图 1.18　活塞连杆机构

（3）根据相配标准件选择基准制

当所设计的零件与标准件相配合时，基准制的选择应以标准件而定。例如，滚动轴承内圈与轴的配合应选用基孔制；滚动轴承外圈与基座孔的配合应选择基轴制。如图 1.19 所示，仅须标注出非标准件的公差带（$\phi 55k6$、$\phi 100J7$）。

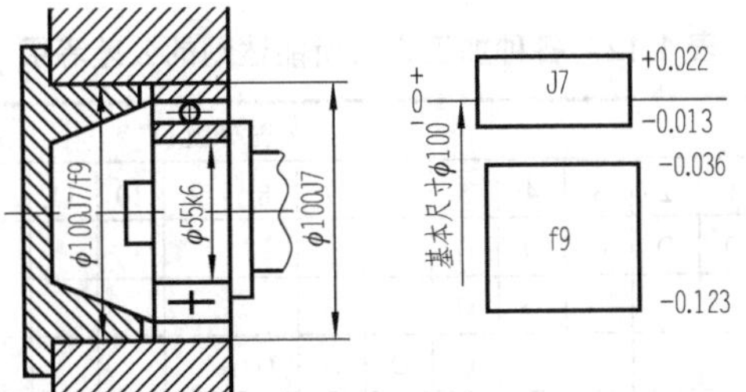

图 1.19　滚动轴承与孔、轴配合的标注

（4）有特殊需要时可选用非基准制

为了满足配合的特殊需求，允许采用任一孔、轴公差带组成配合。如图 1.17 所示，基座孔与轴承外圈的配合必须选用基轴制，孔公差带为 JS7，而轴承盖与基座孔之间的配合若选用基轴制则形成过渡配合，不利于拆装。因此选用任一孔轴公差带 $\phi100JS7/f9$ 形成间隙配合，以满足使用要求。

2. 公差等级的选用

合理地选择公差等级，对解决零件的使用要求与制造工艺及成本之间的矛盾起着重要的作用。公差等级过低，不能满足使用要求。反之，如果不合理地提高公差等级，将使成本增加。因此，选用公差等级基本原则是在满足使用要求的前提下尽可能选用较低的公差等级。

（1）采用类比法选择公差等级

采用类比法选择公差等级时，应掌握各个公差等级的应用场合（表 1.11）、各种加工方法所能达到的公差等级（表 1.12）及各种公差等级的主要应用实例（表 1.13）。

表 1.11　各个公差等级的应用场合

公差等级 应用场合		公差等级 IT																	
		01	0	1	2	3	4	5	6	7	8	9	10	11	12	13	14	15	16	17	18
量块		o	o	o															
量规	高精度			o	o	o	o												
	低精度							o	o	o									
配合尺寸	个别精密配合		o	o															
	特别重要 孔				o	o	o												
	特别重要 轴			o	o	o													
	精密配合 孔							o	o	o									
	精密配合 轴						o	o	o										
	中等精密 孔									o	o	o							
	中等精密 轴								o	o	o								
	低精度配合										o	o	o						
非配合尺寸												o	o	o	o	o	o	o
原材料尺寸								o	o	o	o	o						

表 1.12 各种加工方法所能达到的公差等级

加工方法	公差等级 IT																			
	01	0	1	2	3	4	5	6	7	8	9	10	11	12	13	14	15	16	17	18
研磨	O	O	O	O	O	O	O													
珩						O	O	O	O											
圆磨							O	O	O	O										
平磨							O	O	O	O										
金刚石车							O	O	O											
金刚石镗							O	O	O											
拉削								O	O	O										
铰孔								O	O	O	O	O								
车、镗									O	O	O	O	O							
铣										O	O	O	O							
刨、插												O	O							
钻孔												O	O	O	O					
滚压、挤压												O	O							
冲压												O	O	O	O					
压铸													O	O	O					
粉末冶金成形								O	O	O										
粉末冶金烧结									O	O	O	O								
砂型铸造、气割																		O	O	O
锻造																	O	O		

表 1.13 各种公差等级的主要应用实例

公差等级	应用实例
IT01～IT1	一般用于精密标准量块。IT1 也用于检验 IT6 和 IT7 级轴用量规的校对量规
IT2～IT7	用于检验工件 IT5～IT6 量规的尺寸公差
IT3～IT5 （孔为 IT6）	用于精度要求很高的重要配合,如机床主轴与精密滚动轴承的配合、发动机活塞杆和活塞孔的配合。配合公差很小,对加工要求很高,应用较少
IT6 （孔为 IT7）	用于机床、发动机和仪表中的重要配合,如机床传动机构中的齿轮与轴的配合,轴与轴承的配合,发动机中活塞与气缸、曲轴与轴承、气阀杆与导套的配合等。配合公差较小,一般精密加工能够实现,在精密机械中广泛应用
IT7, IT8	用于机床和发动机中不太重要的配合,也用于重型机械、农业机械、纺织机械、机车车辆等的重要配合。如机床上纵杆的轴承配合、发动机活塞环与活塞环槽的配合、农业机械中齿轮与轴的配合等。配合公差中等,加工易于实现,在一般机械中广泛应用
IT9, IT10	用于一般要求或长度精度要求较高的配合。某些非配合尺寸的特殊需要,如飞机机身的外壳尺寸,由于质量限制,要求达到 IT9 或 IT10
IT11, IT12	多用于各种没有严格要求,只要求便于连接的配合,如螺栓与螺孔、铆钉和孔等的配合
IT12～IT18	用于非配合尺寸和粗加工的工序尺寸上,如手柄的直径、壳体的外形和壁厚尺寸,以及端面之间的距离等

用类比法选择公差等级时,还应注意以下问题。

1）考虑孔和轴的工艺等价性。孔和轴的工艺等价性是指孔和轴的加工难易程度应相同。以前的加工技术水平较低，在公差等级小于等于 IT8 时，中小尺寸的孔比同尺寸、同等级的轴加工要困难一些，加工成本也较高，其工艺是不等价的，应按优先常用配合中轴比孔高一级选用；在公差等级大于 IT8 时，孔、轴加工难易程度相当，其工艺是等价的，可按同级配合使用，见表 1.14。

表 1.14　按工艺等价性选择轴的公差等级

配合类别	孔的公差等级	轴应选的公差等级	实例
间隙配合	≤IT8	轴比孔高一级	H7/f6
过渡配合	>IT8	轴与孔同级	H9/f9
过盈配合	≤IT7	轴比孔高一级	H7/p6
	>IT7	轴与孔等级	H8/s8

2）考虑相配件的精度。例如，与滚动轴承相配合的座孔和轴的公差等级取决于相配件滚动轴承的公差等级；与齿轮孔相配合的轴的公差等级应与齿轮精度相适应。

3）考虑工艺的可能性与经济性。在满足使用要求的前提下，尽可能选取低的精度等级，以便降低成本。

（2）采用计算法确定公差等级

公差等级通常可用类比法选用，但在已知配合要求时，也可用计算法确定公差等级。

【例 1-7】一对尺寸为 $\phi 95$ mm 的孔、轴相配合，要求最小间隙为+10μm、最大间隙为+70μm，试确定孔、轴的公差等级。

解：间隙配合的配合公差 $T_f=|X_{max}-X_{min}|\leqslant(70-10)\mu m=60\mu m$。

从满足使用要求考虑，所选轴、孔的公差应满足 $T_h+T_s=T_f\leqslant60\mu m$。

查表 1.3 可得：IT5=15μm；IT6=22μm；IT7=35μm。

根据工艺等价性原则，一般轴应比孔高一级，故：

1）选择孔公差等级为 IT6、轴公差等级为 IT5，这时 $T_f=T_h+T_s=(22+15)\mu m=37\mu m\leqslant60\mu m$，符合要求；

2）选择孔公差等级为 IT7、轴公差等级为 IT6，这时 $T_f=T_h+T_s=(22+35)\mu m=57\mu m\leqslant60\mu m$，也符合要求。但在满足 $T_h+T_s\leqslant60\mu m$ 的前提下，为降低成本，应选用公差等级低的组合，因此应选用孔公差等级为 IT7、轴公差等级为 IT6。

3. 配合类别的选用

基准制和公差等级的选择，确定了基准孔（轴）的公差带，以及相配的非基准轴（孔）公差带的大小。因此选择配合类别，实质上是确定非基准轴（孔）公差带的位置，即选择非基准轴（孔）的基本偏差代号。

通常可采用类比法选择配合类别。即根据同类机器或机构经生产实践验证的已用配合实例，再考虑所设计机器的工作条件和使用要求，对其定心精度、载荷、变形、温度及装拆情况等因素进行综合分析对比，从而确定所需配合的方法。具体应做到以下两点。

（1）首先分析零件的工作条件要求，并确定配合类别

1）间隙配合：主要用于配合件间具有相对运动的场合；也可利用其易装卸的特点，

用于各种静连接，这时须加紧固件。

2）过渡配合：主要用于精确定心，配合件间无相对运动、可拆卸的静连接。当要传递扭矩时，须加紧固件。

3）过盈配合：主要用于配合件间无相对运动、不可拆卸的静连接。当过盈量较小时，一般只作精确定心用；当要传递扭矩时，须加紧固件；当过盈量较大时，可直接用于传递扭矩。

（2）了解各种基本偏差的特性与应用，确定配合松紧度并选定配合代号

配合类别选定后，应选择非基准件的基本偏差代号，确定配合的松紧程度。各种基本偏差的特点及应用说明见表1.15。再根据配合的松紧程度，参考表1.16所示的优先配合应用说明，进一步类比确定具体的配合代号。

表1.15 各种基本偏差的特点及应用说明

配合	基本偏差	特点及应用说明
间隙配合	a（A） b（B）	可得到特别大的间隙，应用很少，主要用于工作时温度高、热变形大的零件的配合，如发动机中活塞与缸套的配合为H9/a9
	c（C）	可得到很大的间隙，一般用于工作条件较差（如农业机械）、工作时受力变形大及装配工艺性不好的零件的配合。也适用于高温工作的间隙配合，如内燃机排气阀杆与导管的配合为H8/c7
	d（D）	与IT7～IT11对应，适用于较松的间隙配合（如滑轮、空转的带轮与轴的配合）及大尺寸滑动轴承与轴颈的配合（如涡轮机、球磨机等的滑动轴承）。活塞环与活塞槽的配合为H9/d9
	e（E）	与IT6～IT9对应，具有明显的间隙，用于大跨距及多支点的转轴与轴承的配合，以及高速、重载的大尺寸轴与轴承的配合，如大型电机、内燃机的主要轴承处的配合为H8/e7
	f（F）	多与IT6/IT8对应，用于一般转动的配合，受温度影响不大，采用普通润滑油的轴与滑动轴承的配合，如齿轮箱、小电动机、泵等的转轴与滑动轴承的配合为H7/f6
	g（G）	多与IT5、IT6、1T7对应，形成配合的间隙较小，用于轻载精密装置中的转动配合，插销的定位配合，滑阀、连杆销等处的配合，钻套孔多用G
	h（H）	多与IT4～IT11对应，广泛用于无相对转动的配合、一般的定位配合。若没有温度、变形的影响，其也可用于精密滑动轴承，如车床尾座孔与滑动套筒的配合为H6/h5
过渡配合	js（JS）	多用于IT4～IT7具有平均间隙的过渡配合，用于略有过盈的定位配合，如联轴节、齿圈与轮毂的配合，滚动轴承外圈与外壳孔的配合多用JS7。一般用手或木槌装配
	k（K）	多用于IT4～IT7平均间隙接近零的配合，用于定位配合，如滚动轴承的内、外圈分别与轴颈、外壳孔的配合。用木槌装配
	m（M）	多用于IT4～IT7具有平均过盈较小的配合，用于精密定位的配合，如蜗轮的青铜缘与轮毂的配合为H7/m6
	n（N）	多用于IT4～IT7具有平均过盈较大的配合，很少形成间隙，用于加键传递较大扭矩的配合，如冲床上齿轮与轴的配合。用槌子或压力机装配
过盈配合	p（P）	用于小过盈配合，与H6或H7的孔形成过盈配合，而与H8的孔形成过渡配合。碳钢和铸铁制零件形成的配合为标准压入配合，如绞车的绳轮与齿圈的配合为H7/p6。合金钢制零件的配合需要小过盈时可用p或P
	r（R）	用于传递大扭矩或受冲击负荷而需要加键的配合，如蜗轮与轴的配合为H7/r6。H8/r8的配合在公称尺寸<100 mm时，为过渡配合
	s（S）	用于钢和铸铁零件的永久性和半永久性结合，可产生相当大的结合力，如套环压在轴、阀座上，用H7/s6配合
	t（T）	用于钢和铸铁零件的永久性结合，不用键可传递扭矩，须用热套法或冷轴法装配，如联轴节与轴的配合为H7/t6

续表

配合	基本偏差	特点及应用说明
过盈配合	u（U）	用于大过盈配合，最大过盈须验算。用热套法进行装配。如火车轮毂和轴的配合为 H6/u5
	v（V）	用于特大过盈配合，目前使用的经验和资料很少，须经试验后才能应用。一般不推荐
	x（X）	
	y（Y）	
	z（Z）	

表 1.16　优先配合应用说明

优先配合		应用说明
基孔制	基轴制	
H11/c11	c11/H11	间隙非常大，用于很松、转动很慢的动配合；要求大公差与大间隙的外露组件；要求装配方便的、很松的配合
H9/d9	d9/ H9	间隙很大的自由转动配合，用于精度非主要要求时或有大的温度变化、高转速或大的轴颈压力时
H8/f7	F8/h7	间隙不大的转动配合，用于中等转速与中等轴颈压力的精确转动；也用于装配较易的中等定位配合
H7/g6	G7/h6	间隙很小的滑动配合，用于不希望自由转动，但可自由移动和滑动并精密定位时；也可用于要求明确的定位配合
H7/h6	H7/h6	均匀间隙定位配合，零件可自由装拆，而工作时一般相对静止不动，在最大实体条件下的间隙为零，在最小实体条件下间隙由公差等级决定
H8/h7	H8/h7	
H9/h9	H9/h9	
H11/h11	H11/h11	
H7/k6	K7/h6	过渡配合，用于精密定位
H7/n6	N7/h6	过渡配合，允许有较大过盈的精密定位
H7/p6	P7/h6	过盈定位配合，即小过盈配合，用于定位精度特别重要时，能以最好的定位精度达到部件的刚性及对中性要求，而对内孔承受压力无特殊要求，不依靠配合的紧固性传递摩擦负荷
H7/s6	S7/h6	中等压入配合，适用于一般钢件；或用于薄壁件的冷缩配合，用于铸铁可得到最紧的配合
H7/u6	U7/h6	压入配合，适用于可以承受高压入力的零件，或不宜承受大压入力的冷缩配合

【例 1-8】已知轴承、轴的公称尺寸 ϕ40mm，已确定配合间隙要求为+0.022～+0.066mm，采用基孔制，试确定轴承、轴的公差等级和配合类别。

解：（1）选择配合制

一般情况下优先选择基孔制。

（2）选择公差等级

由式 $T_f=|X_{max}-X_{min}|\leqslant(66-22)\mu m=44\mu m$，得 $T_f=T_h+T_s\leqslant44\mu m$。

从满足使用要求考虑，查表 1.3 可得：IT6=16μm，IT7=25μm。

根据工艺等价性原则，一般轴应比孔高一级，故选择孔公差等级为 IT7、轴公差等级为 IT6。

$T_f=T_h+T_s=(16+25)\mu m=41\mu m\leqslant44\mu m$，符合要求。

由于采用基孔制，故轴承孔为$\phi40H7(^{+0.025}_{0})mm$。

（3）选择配合类别

选择配合类别即选择轴的基本偏差，要求轴承和轴配合的间隙为+0.022～+0.066mm。

由式$X_{min}=EI-es\geqslant+0.022mm$，因$EI=0$，故$es\leqslant-22\mu m$。

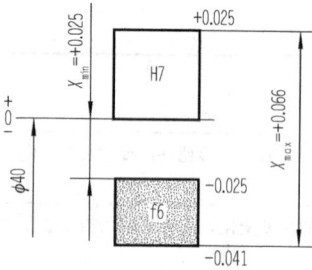

图1.20 公差带图

由式$X_{max}=ES-ei\leqslant+0.066mm$，因$ES=+0.025mm$，故$ei\geqslant-41\mu m$。

根据间隙配合可以判断轴的基本偏差为上极限偏差es，公差等级为IT6，$es=ei+IT6=ei+0.016mm$。

将$ei\geqslant-41\mu m$，转化为$es\geqslant-25\mu m$。

综上得$-25\mu m\leqslant es\leqslant-22\mu m$。

查表1.6，只有选取f($es=-25\mu m$)，才能满足上述条件。

故轴为$\phi40f6(^{-0.025}_{-0.041})mm$，公差带图如图1.20所示。

任务实施

1.1.6 根据要求选用尺寸公差与基本偏差

试分析确定图1.21所示的C616车床尾座有关部位的配合。

C616车床尾座有关部位的配合的分析和选用说明见表1.17。

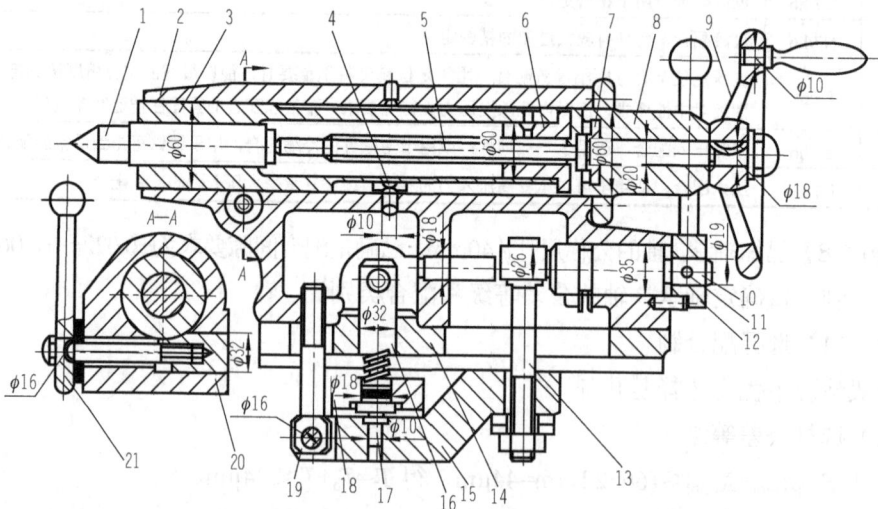

1—顶尖；2—尾座体；3—套筒；4—定位块；5—丝杠；6—螺母；7—挡油圈；8—后盖；9—手轮；10—偏心轴；11—销；12—拉柄；13—拉紧螺钉；14—滑座；15—杠杆；16—圆柱；17—压块；18—压板；19—螺钉；20—夹紧套；21—手柄。

图1.21 C616车床尾座

表 1.17　C616 车床尾座的有关配合及其选择

配合件	配合代号	配合选择说明
套筒外圆与尾座体孔	$\phi60H6/h5$	套筒调整时要在尾座孔中滑动,需要有间隙,而顶尖工作时需要高的定位精度,故选择精度高的小间隙配合
套筒内孔与螺母外圆	$\phi30H7/h6$	为避免螺母在套筒中偏心,需要一定的定位精度,为了方便装配,需有间隙,故选小间隙配合
定位块的圆柱面与尾座体孔	$\phi10H9/h8$	为容易装配和通过定位块自身转动修正其安装位置误差,选用间隙配合
丝杠轴颈与后盖内孔	$\phi20H7/g6$	因有定心精度要求,且轴孔有相对低速转动,故选用较小间隙配合
挡油圈孔与丝杠轴颈	$\phi20H11/g6$	由于丝杠轴颈较长,故为便于装配选用间隙配合;因无定心精度要求,故选内孔精度较低
后盖凸肩与尾座体孔	$\phi60H6/js6$	配合面较短,主要起定心作用,因配合后用螺钉紧固,没有相对运动,故选过渡配合
手轮孔与丝杠轴端	$\phi18H7/js6$	手轮通过半圆键带动丝杠一起转动,为便于装拆和避免手轮在轴上晃动,选过渡配合
手柄轴与手轮小孔	$\phi10H7/k6$	为永久性连接,可选过盈配合,但考虑到手轮系铸件(脆性材料)不能取大的过盈,故选过渡配合
手柄孔与偏心轴	$\phi19H7/h6$	手柄通过销转动偏心轴。装配时销与偏心轴配作,配作前要调整手柄处于紧固位置,偏心轴也处于偏心向上位置,因此配合不能有过盈
偏心轴右轴颈与尾座体孔	$\phi35H8/d7$	有相对转动,又考虑到偏心轴两轴颈和尾座体两支承孔都会产生同轴度误差,故选用间隙较大的配合
偏心轴左轴颈与尾座体孔	$\phi18H8/d7$	
偏心轴与拉紧螺钉孔	$\phi526H8/d7$	没有特殊要求,考虑到装拆方便,采用大间隙配合
压块圆柱销与杠杆孔	$\phi10H7/js7$	无特殊要求,只要便于装配,且压块装上后不易掉出即可,故选较松的过渡配合
压块圆柱销与压板孔	$\phi18H7/js6$	
杠杆孔与标准圆柱销	$\phi16H7/n6$	圆柱销按标准做成 $\phi16n6$,结构要求销与杠杆配合紧,销与螺钉孔配合松,故取杠杆孔为 H7,螺钉孔为 D8
螺钉孔与标准圆柱销	$\phi16D8/n6$	
圆柱与滑座孔	$\phi32H7/n6$	要求圆柱在承受径向力时不松动,但必要时能在孔中转位,故选用较紧的过渡配合
夹紧套外圆与尾座体横孔	$\phi32H8/e7$	手柄放松后,夹紧套要易于退出,便于套筒移出,故选间隙较大的配合
手柄孔与拉紧螺钉轴	$\phi16H7/h6$	由半圆键带动螺钉轴转动,为便于装拆,选用小间隙配合

图 1.22 所示为钻床夹具,根据表 1.18 中的已知条件选择配合类别,并将结果填入表 1.18 中。

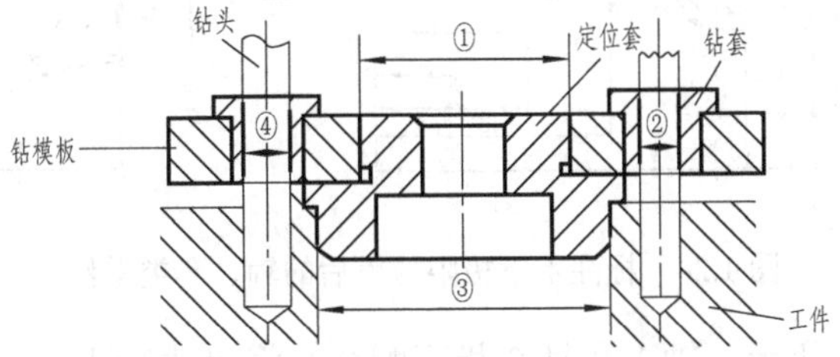

图 1.22　钻床夹具

表 1.18　钻床夹具配合分析表

配合位置	已知条件	配合类别
①	有定心要求，不可拆联接	
②	有定心要求，可拆联接（钻套磨损后可更换）	
③	有定心要求，安装和取出定位套时有轴向移动	
④	有导向要求，且钻头能在转动状态下进入钻套	

1.1.7　零件尺寸图样标注

如图 1.23 所示，已知件 1 轴和件 2 套的各部分的公称尺寸。其中件 1 的右端，与件 2 的孔实现螺纹配合、锥配合与圆柱配合，采用间隙配合；件 2 的右端台阶轴，与件 1 左端台阶孔相互配合，也采用间隙配合；件 1 上平底槽和圆弧槽均为重要尺寸。

根据已知条件，设计各部分的基本偏差与标准公差，并进行标注。

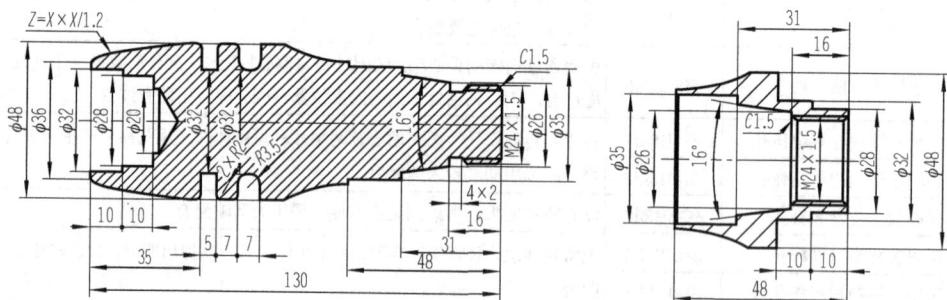

图 1.23　轴、套类零件

根据已知条件，通过分析，标注后的结果如图 1.24 所示。

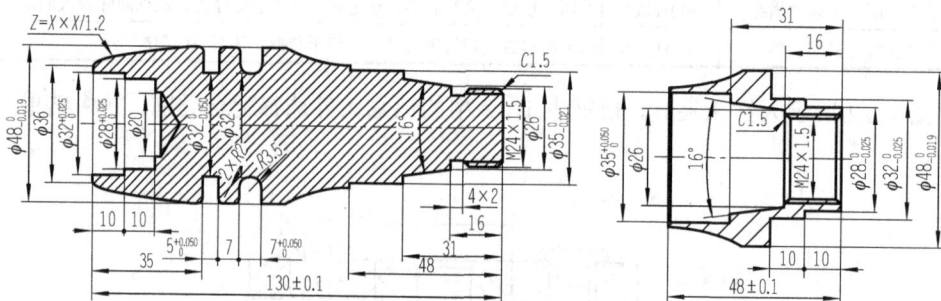

图 1.24　标注上下极限偏差后的轴、套类零件

练习：如图 1.25 所示，轴 1 和轴 2 相互配合，将尺寸标注加上上下极限偏差。

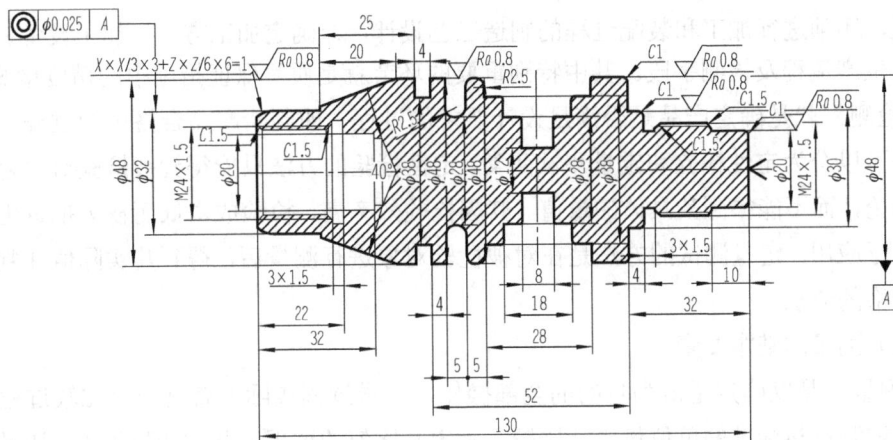

（a）

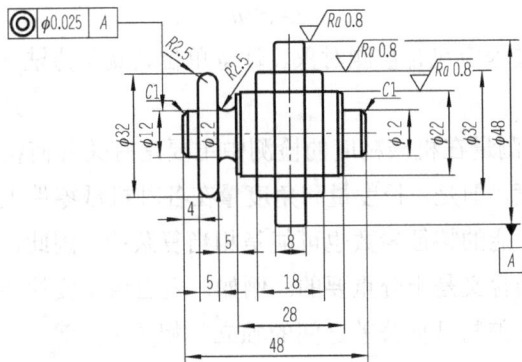

（b）

图 1.25　轴类零件标注练习

任务 1.2　轴套类零件的精度检测

任务目标

1. 掌握车间条件下普通计量器具的使用方法；
2. 能够对零件的尺寸进行检测、判定、分析。

任务资讯

1.2.1　车间条件下轴套类零件的精度检测

1. 测量的基础知识

（1）检测的意义

为了满足机械产品的功能要求，在正确合理地完成了可靠性、使用寿命等方面的设计以后，还须进行加工和装配过程的制造工艺设计，即确定加工方法、加工设备、工艺参数、生产流程及检测手段。其中特别重要的环节就是质量保证措施中的精度检测。

"检测"就是确定产品是否满足设计要求的过程，即判断产品合格性的过程。检测的方法可以分为定性检验和定量测试两类。定性检验的方法只能得到被检验对象合格与否的结论，而不能得到其具体的量值。其因检验效率高、检验成本低而在大批量生产中得到广泛应用。定量测试的方法是在对被检验对象进行测量后，得到其实际值并判断其是否合格的方法。

（2）测量的基本要素

"测量"是以确定量值为目的的全部操作。测量过程实际上就是一个比较过程，也就是将被测量与标准的单位量进行比较，确定其比值的过程。若被测量为 L，计量单位为 u，确定的比值为 q，则被测量可表示为

$$L=q\times u$$

一个完整的测量过程应包含被测对象、计量单位、测量方法（含测量器具）和测量精度 4 个要素。

1）被测对象。被测量在机械精度的检测中主要是有关几何精度方面的参数量，其基本对象是长度和角度。但是，长度量和角度量在各种机械零件上的表现形式是多种多样的，表达被测对象性能的特征参数也可能是相当复杂的。因此，认真分析被测对象的特性，研究被测对象的含义是十分重要的。例如，表面粗糙度的各种评定参数、齿轮的各种误差项目、尺寸公差与几何公差之间的独立与相关关系等。

2）计量单位。计量单位（简称单位）是以定量表示同种量的量值而约定采用的特定量。我国规定采用以国际单位制（SI）为基础的"法定计量单位制"。它是由一组选定的基本单位和由定义公式与比例因数确定的导出单位所组成的，以"米""千克""秒""安"等为基本单位。

常用的长度和角度计量单位如下。

① 长度单位为米（m）、毫米（mm）、微米（μm）和纳米（nm）；

② 角度单位为弧度（rad）、微弧度（μrad）和度（°）、分（′）、秒（″）。

换算关系如下：

$$1m=10^3mm=10^6\mu m=10^9nm$$
$$1°=0.0174533rad$$
$$1rad=10^6\mu rad$$
$$1°=60'$$
$$1'=60''$$

在测量过程中，测量单位必须以物质形式来体现，能体现计量单位和标准量的物质形式有：精密量块、线纹尺、各种圆分度盘等。

3）测量方法。测量方法是运用一定的测量原理实施测量的操作方法与步骤。广义地说，测量方法可以理解为测量原理、测量器具（计量器具）和测量条件（环境和操作者）、测量步骤的总和。

在实施测量过程中，应该根据被测对象的特点（如材料硬度、外形尺寸、生产批量、制造精度、测量目的等）和被测参数的定义来拟定测量方案、选择测量器具和规定测量条件，合理地获得可靠的测量结果。

4）测量精度。测量精度是指测量结果与真值的接近程度。不考虑测量精度而得到的测量结果是没有任何意义的。

真值的定义为：当某量能被完善地确定并能排除所有测量上的缺陷时，通过测量所得到的量值。

由于测量会受到许多因素的影响，其过程总是不完善的，即任何测量都不可能没有误差。对于每一个测量值都应给出相应的测量误差范围，说明其可信度。

（3）检测的一般步骤

1）确定被检测项目。认真审阅被测件图样及有关的技术资料，了解被测件的用途，熟悉各项技术要求，明确需要检测的项目。

2）设计检测方案。根据检测项目的性质、具体要求、结构特点、批量大小、检测设备状况、检测环境及检测人员的能力等多种因素，设计一个能满足检测精度要求，且具有低成本、高效率的检测预案。

3）选择检测器具。按照规范要求选择适当的检测器具，设计、制作专用的检测器具和辅助工具，并进行必要的误差分析。

4）检测前准备。清理检测环境并检查是否满足检测要求，清洗标准器、被测件及辅助工具，对检测器具进行调整使之处于正常的工作状态。

5）采集数据。安装被测件，按照设计预案采集测量数据并规范地作好原始记录。

6）数据处理。对检测数据进行计算和处理，获得检测结果。

7）填报检测结果。将检测结果填写在检测报告单及有关的原始记录中，并根据技术要求作出合格性的判定。

2. 长度基准与量值传递

（1）长度基准

1）"米"的定义。"米"的定义于18世纪末始于法国，当时规定"米等于经过巴黎的地球子午线的四千万分之一"。19世纪"米"逐渐成为国际通用的长度单位。1983年第17届国际计量大会又更新了米的定义，规定"米"是光在真空中在1/299 792 458秒的时间间隔内所经路径的长度。

2）量值传递。在实际应用中，为了方便并稳定地进行测量，人们通常使用实物标准器如端度标准器（量块）、线纹类标准器（如线纹尺）等各种计量器具进行测量。

为了保证量值统一，必须把长度基准的量值准确地传递到生产中应用的计量器具和工件上去。因此，必须建立一套从长度的最高基准到被测工件的严密而完整的长度量值传递系统。

为了保证长度测量的精度，实现零部件生产的互换性，我国从国务院到地方成立各级计量管理机构，负责其管辖范围内的计量和量值传递工作。

我国长度量值传递系统如图 1.26 所示。从最高基准谱线开始，有两个平行系统向下传递，一个是量块（端面量具）系统，另一个是线纹尺（线纹量具）系统。量块和线纹尺均是实现光波长度到测量实践之间的量值传递媒介，其中以量块为媒介的传递系统应用较为广泛。量值传递系统，把基准量值准确地传递到计量器具和工件上。

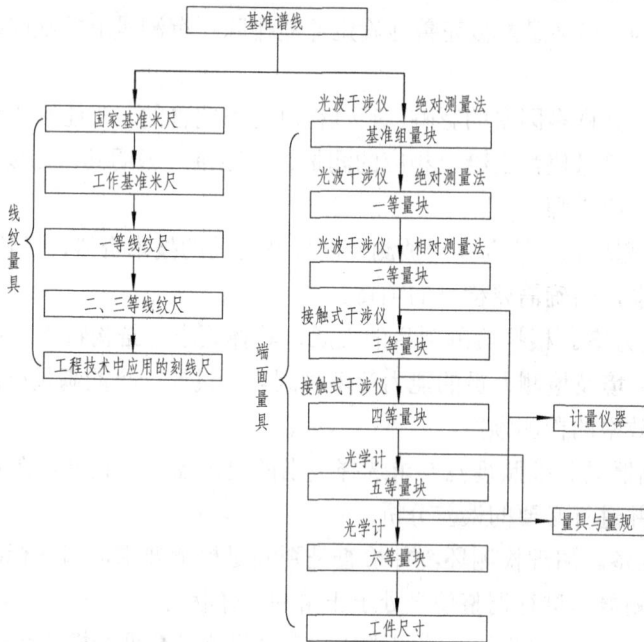

图 1.26 长度量值传递系统

（2）量块的基础知识

量块作为长度尺寸标准的实物载体，将国家的长度基准按照一定的规范逐级传递到机械产品制造环节，实现量值统一；作为标准长度标定量仪，检定量仪的示值误差。相对测量时以量块为标准，用测量器具比较量块与被测尺寸的差值。

量块又称块规。它是无刻度的平面平行端面量具。量块除作为标准器具进行长度量值传递外，还可以作为标准器来调整仪器、机床或直接检测零件。

1）量块的材料、形状和尺寸。量块是用铬锰钢等特殊合金钢材料制成的，具有线膨胀系数小、性质稳定、耐磨性好、硬度高、工作表面粗糙度值小及研合性好等特点。量块通常制成长方体，如图 1.27 所示，它有 2 个相互平行的测量面和 4 个非测量面。

2）量块的精度指标、精度等级。

① 量块的三项基本精度指标。量块的三项基本精度指标有尺寸精度、测量面平行精度、表面粗糙度。

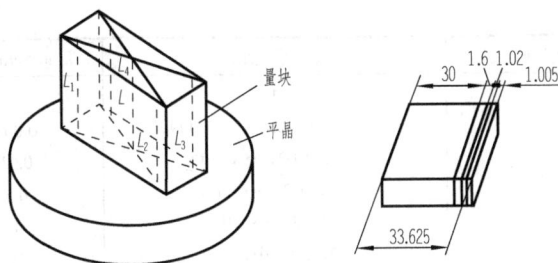

图 1.27 量块

a. 尺寸精度：量块工作尺寸（即中心长度）的精度。

b. 测量面平行精度：量块两测量面任意两对应点间距离与中心长度之差。

c. 表面粗糙度：量块工作面的表面粗糙度值不大于 $Ra0.02\mu m$。

② 量块的精度等级。量块精度可按"级"和"等"两种方法划分。

a. 按"级"精度划分：量块按制造精度分为 0、1、2、3 和 K 共 5 个级别。其中 00 级为最高精度等级，3 级为最低精度等级，K 级为校准等级。

量块按"级"使用时，以标准长度作为工作尺寸，该尺寸包含了量块的制造误差，因此，影响测量精度。但使用时不需要加修正值，直接得出测量结果，故应用方便。

b. 按"等"精度划分：量块按检定精度由高到低分为 1 等、2 等、3 等、4 等、5 等和 6 等，其中 1 等精度最高，依次降低。

量块按"等"使用时，以检定后得到的实测中心长度作为工作尺寸，该尺寸排除了量块的制造误差，只包含检定时较小的测量误差。因此，量块按"等"使用比按"级"使用测量精度要高，而且由于消除了量块尺寸的制造误差，可实现用较低精度量块进行较精密测量的应用，以降低测量成本。但按"等"使用量块时需加修正值，相对比较麻烦。

所以，量块按"等"使用时其精度比按"级"使用要高，且能在保持量块原有使用精度的基础上延长其使用寿命。

③ 量块的应用。量块有很好的研合性，所以将量块顺其测量面加压推合，就能研合在一起。在一定范围内根据需要将多个尺寸不同的量块研合成量块组，从而扩大了量块的应用。我国成套生产的量块共有 17 种套别，每套的块数分别为 91 块、83 块、46 块、38 块等。表 1.19 列出了常用的 83 块和 46 块量块的尺寸系列。

表 1.19 成套量块的尺寸

总块数	级别	尺寸系列/mm	间隔/mm	块数
83	0、1、2	0.5	—	1
		1	—	1
		1.005	—	1
		1.01, 1.02, …, 1.49	0.01	49
		1.5, 1.6, …, 1.9	0.1	5
		2.0, 2.5, …, 9.5	0.5	16
		10, 20, …, 100	10	10

总块数	级别	尺寸系列/mm	间隔/mm	块数
46	0、1、2	1	—	1
		1.001, 1.002, …, 1.009	0.001	9
		1.01, 1.02, …, 1.09	0.01	9
		1.1, 1.2, …, 1.9	0.1	9
		2, 3, …, 9	1	8
		10, 20, …, 100	10	10

在使用量块组测量时，为了减少量块的组合误差，应尽量减少量块的组合块数，一般不超过 4～5 块。选用量块时，应从所需组合尺寸的最后一位数开始，每选一块至少应减去所需尺寸的一位尾数。例如，从 83 块一套的量块中选取尺寸为 36.745mm 的量块组，选取方法为：

36.745mm——所需尺寸

1.005mm——第一块量块尺寸

36.745mm-1.005mm=35.740mm

1.240mm——第二块量块尺寸

35.740mm-1.240mm=34.500mm

4.500mm——第三块量块尺寸

34.500mm-4.500mm=30.000mm

30.000mm——第四块量块尺寸

3）量块使用的注意事项。

① 量块必须在使用有效期内，否则应及时送专业部门检定。

② 所选量块应先放入航空汽油中清洗，并用洁净绸布将其擦干，待量块温度与环境温度相同后方可使用。

③ 使用环境良好，防止各种腐蚀性物质对量块的损伤及因工作面上的灰尘而划伤工作面，影响其研合性。

④ 轻拿、轻放量块，杜绝磕碰、跌落等情况的发生。

⑤ 不得用手直接接触量块，以免造成汗液对量块的腐蚀及手温对测量精确度的影响。

⑥ 使用完毕，应用航空汽油清洗所用量块，并擦干后涂上防锈脂放入专用盒内妥善保管。

3. 计量器具和测量方法

（1）计量器具的分类

计量器具按其本身的结构、用途和特点可分为量具、量仪、量规和计量装置四大类。

1）量具。

① 单值量具。用来复现单一量值的量具，如量块、角尺等。

② 多值量具。用来复现一定范围内计量单位的某些倍数和分数的量具，如线纹尺、游标卡尺和千分尺等。

2）量仪。计量仪器（简称量仪）是将被测几何量转换成可直接观测的示值或等效信息的一类计量器具。计量仪器按原始信号的转换原理可分为以下几种。

① 机械量仪。用机械的方法实现被测量参数信号转换的量仪，具有机械测微机构。其结构简单、性能稳定、使用方便，如指示表、机械比较仪。

② 光学量仪。用光学的方法实现被测量参数信号转换的量仪，具有光学放大测微机构。其精度高、性能稳定，如光学比较仪、工具显微镜、干涉仪等。

③ 电动量仪。能把被测量参数信号转换成电量信号的量仪，具有放大滤波电路。其精度高、测量信号易于输入计算机，可以实现数据处理的自动化，如电感比较仪、电动轮廓仪、圆度仪等。

④ 气动量仪。以压缩气体为介质，通过气动系统流量或压力的变化实现被测量参数信号转换的量仪。其结构简单、测量精度和效率高、操作方便，但示值小，如水柱式气动量仪、浮标式气动量仪等。

3）量规。量规是没有刻度的专用计量器具，用于检验零件要素的实际尺寸和形位误差的综合作用结果。使用量规检验时，不能测得工件的实际尺寸和几何公差数值，而只能判断被测工件是否合格。如光滑极限量规、位置量规和螺纹量规等。

4）计量装置。计量装置是指为确定被测几何量的量值所需的计量器具和辅助设备的总体。它能够测量同一工件上较多的几何量和形状比较复杂的零件，有助于检测的自动化，如齿轮综合精度检测仪、发动机缸体的几何精度综合测量仪等。

（2）计量器具的基本技术指标

计量器具的基本技术指标是合理选择和使用计量器具的重要依据。主要计量技术性能指标如下。

① 分度值。标尺（或分度盘）上每一标尺间距所代表的量值。一般情况下，分度值越小，计量器具精度越高。

② 示值。计量器具所指示的量值。

③ 示值范围。计量器具所能显示的被测量值的最低值到最高值（或标尺的起始值到终止值）的范围。

④ 测量范围。计量器具所允许测量的被测量的最小值到最大值的范围。

⑤ 灵敏度。计量器具对被测量微小变化的反映能力。

⑥ 测量力。在接触测量过程中，测量器具测头对被测物体表面所施加的测量压力。

⑦ 示值误差。计量器具的示值与被测量的真值的代数差。

⑧ 不确定度。在规定条件下测量时，由于测量误差的存在，被测量值不能肯定的程度。

⑨ 允许误差。技术规范规程对给定计量器具所允许的误差极限值。

（3）测量方法的分类

测量方法可以按不同的形式进行分类。常见的分类方法有以下几种。

1）直接测量与间接测量。

① 直接测量。直接由计量器具上测得被测尺寸的数值或偏差，如用游标卡尺或千分尺测量工件。

② 间接测量。测量与被测尺寸有关的其他尺寸，通过计算得到被测量值。如孔中心距的测量。

一般情况下，直接测量比间接测量的精度高，所以应尽量采用直接测量。对于受条件限制无法进行直接测量的场合，可以采用间接测量。

2）绝对测量与相对测量。

① 绝对测量。计量器具显示的示值就是被测量的实际值，如用游标卡尺或千分尺测量轴径的大小。

② 相对测量。计量器具显示的示值是被测量相对于已知标准量（用量块体现）的偏差，被测量的量值应等于已知标准量与该偏差值（示值）的代数和。例如，用立式光学比较仪测量轴径，测量时先用量块调整示值零位，比较仪指示出的示值为被测轴径相对于量块尺寸的偏差。

一般来说，相对测量的精度比绝对测量的精度高。

3）接触测量与非接触测量。

① 接触测量。量具测头与被测表面直接接触，并有机械作用的测量力，如用立柱式光学比较仪测量轴径。

② 非接触测量。量具测头与被测表面不直接接触，无机械作用的测量力，如用光切显微镜测量表面粗糙度，用气动量仪测量孔径。

4）综合测量与单项测量。

① 综合测量。测量被测零件上与几个参数有关联的综合参数，从而综合判断零件的合格性。例如，用螺纹塞规检验螺纹单一中径、螺距和牙型半角的综合结果（作用中径）是否合格。

② 单项测量。分别测量零件上彼此没有联系的各个参数。例如，用工具显微镜分别测量螺纹的单一中径、螺距和牙型半角的实际值，并分别判断各项参数是否合格。

5）静态测量与动态测量。

① 静态测量。测量时被测表面与计量器具的测头处于相对静止状态。

② 动态测量。测量时被测表面与计量器具的测头处于相对运动状态。如用圆度仪测量圆度，用电动轮廓仪测量表面粗糙度等。

6）被动测量与主动测量。

① 被动测量。对完工后的零件进行测量，其作用在于能发现和剔出废品。

② 主动测量。在零件加工过程中进行测量，作用是能按测量结果直接控制零件的加工过程，既能防止产生废品，又能缩短零件的生产周期。

4. 测量精度

在测量过程中，计量器具本身的误差、测量条件的限制等诸多因素的存在，使测量结果与真实值不能完全一致，即出现测量误差。测量精度正是由测量误差反映出来的，讨论测量精度即讨论测量误差。

下面对测量误差产生的原因、分类及处理方法作一简单分析，以便在一定测量条件下对测得结果的可靠性做出合理评价，尽可能使测得的值接近于真值，提高测量精度。

（1）测量误差的概念

测量误差是指实际测得值与被测量真值之间的偏移量，用绝对误差或相对误差表示。

1）绝对误差。绝对误差 δ 是指计量器具的测得值（仪表的指示值）x 与其真值 x_0 之差，即 $\delta = x - x_0$。

由于测得值 x 可能大于或小于真值 x_0，所以测量误差 δ 可能是正值也可能是负值。

测量误差的绝对值越小，说明测得值越接近真值，因此，测量精度就越高；反之，测量精度就越低。但这一结论只适用于被测量值相同的情况，而不能说明不同被测量的测量精度。例如，用某测量长度的量仪测量 20mm 的长度，绝对误差为 0.002mm；用另一台量仪测量 250mm 的长度，绝对误差为 0.02mm。这时，很难按绝对误差的大小来判断测量精度的高低。因为后者的绝对误差虽然比前者大，但它相对于被测量的值却很小。为此，须用相对误差来评定。

2）相对误差。相对误差 ε 是指绝对误差 δ 的绝对值 $|\delta|$ 与被测量真值 x_0 之比，即

$$\varepsilon = \frac{|x - x_0|}{x_0} \times 100\% = \frac{|\delta|}{x_0} \times 100\%$$

相对误差比绝对误差能更好地说明测量的精确程度。在上面的例子中，显然后一种测量长度的量仪更精确。

$$\varepsilon_1 = \frac{0.002}{20} \times 100\% = 0.01\%$$

在实际测量中，由于被测量真值是未知的，而指示值又很接近真值，因此，可以用指示值 x 代替真值 x_0 来计算相对误差，即

$$\varepsilon = \frac{|\delta|}{x_0} = \frac{|\delta|}{x}$$

（2）测量误差产生原因

测量误差产生的原因主要有以下几个方面。

1）计量器具误差。计量器具误差是指计量器具本身在设计、制造和使用过程中造成的各项误差。这些误差的综合反映可用计量器具的示值精度或不确定度来表示。

2）标准件误差。标准件误差是指作为标准的标准件本身的制造误差和检定误差。例如，用量块作为标准件调整计量器具的零位时，量块的误差会直接影响测得值。因此，为了保证一定的测量精度，必须选择一定精度的量块。

3）测量方法误差。测量方法误差是指因测量方法不完善所引起的误差。例如，在接触测量中测量力引起的计量器具和零件表面变形误差、间接测量中计算公式的不精确、测量过程中工件安装定位不合格等。

4）测量环境误差。测量环境误差是指测量时的环境条件不符合标准条件所引起的误差。测量的环境条件包括温度、湿度、气压、振动及灰尘等。其中，温度对测量结果的影响最大。

5）人员误差。人员误差是指测量者的主观因素所引起的误差。例如，测量人员技

术不熟练、视觉偏差、估读判断错误等引起的误差。

总之,产生误差的因素很多,有些误差是不可避免的,但有些是可以避免的。因此,测量者应对一些可能产生测量误差的原因进行分析,掌握其影响规律,设法消除或减小其对测量结果的影响,以保证测量精度。

(3)测量误差分类及减少其影响的方法

测量误差按其产生的原因、出现的规律及其对测量结果的影响,可以分为系统误差、随机误差和粗大误差。

1)系统误差。在规定条件下,绝对值和符号保持不变或按某一确定规律变化的误差,称为系统误差。其中绝对值和符号不变的系统误差为定值系统误差,按一定规律变化的系统误差为变值系统误差。

系统误差大部分能通过修正值或找出其变化规律后加以消除。例如,经检定后得到的量块中心长度的修正值、测量角度的仪器中光学度盘安装偏心形成的按正弦曲线规律变化的角度示值误差等。有些系统误差无法修正,如温度有规律变化造成的测量误差。

2)随机误差。在规定条件下,绝对值和符号以不可预知的方式变化的误差,称为随机误差。就某一次测量而言,随机误差的出现无规律可循,因而无法消除。但若进行多次等精度重复测量,则与其他随机事件一样具有统计规律的基本特性,可以通过分析,估算出随机误差值的范围。

随机误差主要由温度波动、测量力变化、测量器具传动机构不稳、视差等各种随机因素造成,虽然无法消除,但只要认真仔细地分析产生的原因,还是能减少其对测量结果的影响的。

3)粗大误差。明显超出规定条件下预期的误差,称为粗大误差。粗大误差是由某种非正常原因造成的,如读数错误、温度的突然大幅度变动、记录错误等。该误差可根据误差理论,按一定规则予以剔除。

5. 计量器具的选择

在测量技术中,应针对零件的不同结构特点和精度要求采用不同的计量器具。对于大批量的生产,多采用专用极限量规来检验,以提高检测效率。对于单件或小批量生产,则常采用普通计量器具进行检测。

为了保证产品质量,国家标准《产品几何技术规范(GPS) 光滑工件尺寸的检验》(GB/T 3177—2009)对验收原则、验收极限和计量器具的选择等都做了规定。该标准的主要适用范围是普通计量器具,对图样上注出的公差等级为 IT6~IT18、公称尺寸至500mm 的光滑工件尺寸的检验。它也适用于对一般公差尺寸的检验。

(1)计量器具的选择原则

机械制造业中计量器具的选择主要取决于计量器具的技术指标和经济指标。

测量时,计量器具的误差将被带入工件的测量结果中,因此所选计量器具的允许极限误差应当较小。但计量器具的极限误差越小,其价格就越高,对使用时的环境条件和操作者的要求也越高。因此,选择计量器具时,应将技术指标和经济指标综合考虑。在选择时,主要有两方面的原则:

1）根据被测工件的外形、位置、尺寸及被测参数特性选择计量器具，使所选计量器具的测量范围能满足工件的要求。

2）根据被测工件的公差选择计量器具，使所选计量器具的不确定度值既要保证测量精度要求，又要符合经济性要求。

通常应根据标准来选择计量器具。对于没有标准的其他工件检测用的计量器具，应使所选计量器具的极限误差为工件公差的 1/10～1/3，其中对低精度的工件采用 1/10，对高精度的工件采用 1/3。因为高精度计量器具制造困难，所以使其极限误差占工件公差的比例增大是合理的。

（2）验收极限与安全裕度

产品验收的理想合格条件是：测得尺寸既小于上极限尺寸，又大于下极限尺寸。

但是在实际测量过程中，由于测量误差的存在，仪器读数有时偏大有时偏小。这样，一方面很可能把与公差界线极为接近但却超出公差界线的废品误判为合格品，称为误收；另一方面，也可能把与公差界线极为接近的合格品误判为废品，称为误废。

误收和误废不利于产品质量的提高和成本的降低。因为误收会影响零件的配合性能，满足不了设计的功能要求；而误废则提高了加工精度的要求，会造成经济性损失。

为有效控制误收和误废，国家标准规定的验收原则是"所用验收方法应只接收位于规定极限尺寸之内的工件"。为保证验收原则的实现及零件达到互换性要求，有效地避免误收和控制误废，国家标准同时规定了验收极限。

验收极限是指检验工件时判断合格与否的尺寸界线。国家标准规定，可按以下两种方式确定验收极限。

1）内缩验收方式。内缩验收方式指"验收极限是从图样上标定的上极限尺寸和下极限尺寸分别向工件公差带内移动一个安全裕度 A 来确定"，由此计算得出的两极限值即为验收极限（上验收极限和下验收极限）。即：

$$上验收极限=上极限尺寸-A$$
$$下验收极限=下极限尺寸+A$$

孔、轴尺寸验收极限与安全裕度 A 的关系如图 1.28 所示。安全裕度 A 是为了避免误差的存在使工件验收时造成"误收"而设置的数值，其数值大小由被测工件的尺寸公差 T 来确定，一般取工件公差的 1/10。

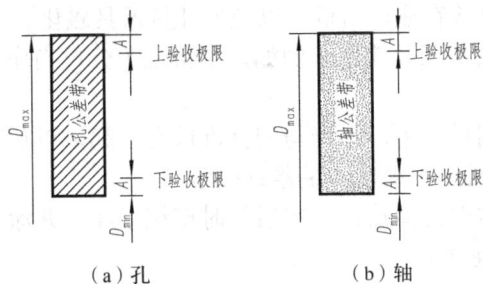

图 1.28　孔、轴尺寸验收极限与安全裕度 A 的关系

2）不内缩验收方式。不内缩方式指"验收极限等于图样上标定的上极限尺寸和下极限尺寸，即安全裕度 A 等于零"。

具体选择验收方式时,要结合工件尺寸功能要求及其重要程度、尺寸公差等级、测量不确定度和工艺能力等因素综合考虑。内缩验收方式主要适用于单一要素包容要求和公差等级较高的场合,不内缩验收方式则常用于非配合和一般公差尺寸。

（3）测量器具的选择

测量器具的选择应综合考虑以下几方面的因素。

1）测量精度。所选的测量器具的精度指标必须满足被测对象的精度要求,才能保证测量的准确度。被测对象的精度要求主要由其公差的大小来体现。公差值越大,对测量的精度要求就越低;公差越小,对测量的精度要求就越高。一般情况下,所选测量器具的测量不确定度只能占被测零件尺寸公差的 1/10~1/3,精度低时取 1/10,精度高时取 1/3。

2）测量成本。在保证测量准确度的前提下,应考虑测量器具的价格、使用寿命、检定修理时间、对操作者技术熟练程度的要求等,选用价格较低、操作方便、维护保养容易、操作培训费用少的测量器具,尽量降低测量成本。

3）被测件的结构特点及检测数量。所选测量器具的测量范围必须大于被测尺寸。对硬度低、材质软、刚性差的零件,一般选取用非接触测量,如用光学投影放大、气动、光电等原理的测量器具进行测量。当测量件数较多（大批量）时,应选用专用测量器具或自动检验装置;对于单件或少量的测量,可选用万能测量器具。

（4）计量器具的检定与维护保养

1）计量器具检定的意义。任何计量器具都有误差,并且这些误差会随着计量器具的使用过程而逐渐增大。因此必须对计量器具进行定期性检定,其意义是确定计量器具示值的误差是否在允许的范围内,并确定计量器具是否合格。

检定时所依据的国家法定技术文件,称为检定规程。检定规程的内容包括:检定规程的适用范围,计量器具的计量性能,检定项目,检定条件,检定周期及检定结果的处理等。

2）计量器具的维护保养。

① 测量前应将测量器具的工作面及被测工件表面擦拭干净,以免脏物存在而影响测量精度。不能用精密计量器具测量粗糙的铸锻毛坯表面或带有研磨剂的表面。

② 温度对计量器具影响很大,精密量仪应放在恒温室内,维持在 20℃左右,且相对湿度不要超过 60%。计量器具不要放在热源附近,以免受热变形而失去精确度。

③ 不要把计量器具放在磁场附近,以免使计量器具磁化。

④ 量具不能当作其他工具使用。例如,不得把千分尺当作小榔头使用,不能用游标卡尺划线等。

⑤ 计量器具在使用过程中,不能与刀具堆放在一起,以免碰伤计量器具。也不能随便放在机床上,避免机床振动使计量器具损坏。

⑥ 计量器具应经常保持清洁,使用后及时擦拭干净,并涂上防锈油,放在专用的盒子里,存放在干燥的地方。

⑦ 计量器具应定期送到计量室检定,以免其示值误差超差而影响测量结果。

6. 用光滑极限量规检验孔、轴尺寸的合格性

车间条件下,常用光滑极限量规检验孔、轴尺寸的合格性,光滑极限量规有塞规和

卡规之分。光滑极限量规是一种无刻度的用以检验零件尺寸、形状与位置合格性的专用量具。检验时，通规应能通过被检孔（轴），而止规应不能通过被检孔（轴），则说明被检孔（轴）合格；否则，为不合格。

国家标准《光滑极限量规 技术条件》（GB/T 1957—2006）规定了光滑极限量规的应用。

（1）光滑极限量规的检验原理

1）光滑极限量规。光滑极限量规是一种没有刻度的专用检验工具，用于单一要素的孔或轴采用包容要求时的完工检验。检验时，不能测出零件实际尺寸的具体数值，只能确定零件实际尺寸是否在规定的两个极限尺寸范围内。因此，光滑极限量规都是成对地使用，其中一个是通规（通端），另一个是止规（止端）。

微课：光滑极限量规
的使用

在检验光滑工件尺寸时，用来检验孔的光滑极限量规称为塞规，如图 1.29 所示；用来检验轴的光滑极限量规称为环规（或卡规），如图 1.30 所示。塞规和环规均由通规和止规组成。

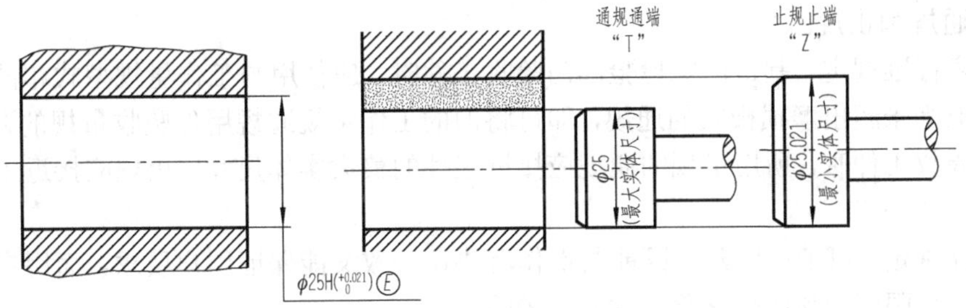

图 1.29 用塞规检测孔

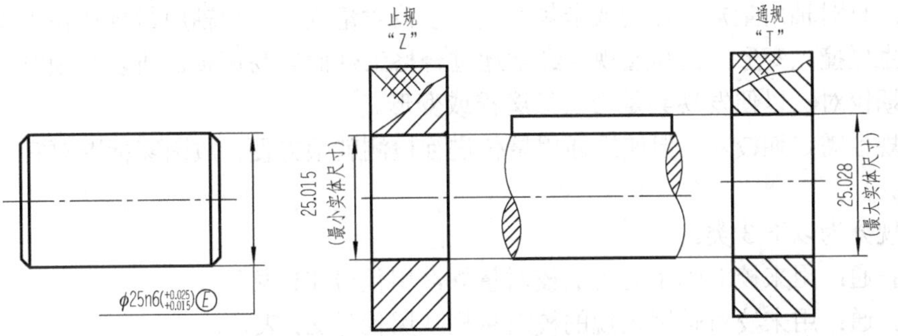

图 1.30 用环规检测轴

2）光滑极限量规的检验原理。光滑极限量规的通规按被测孔或轴的最大实体尺寸制造，用来控制被测工件的体外作用尺寸；而止规按被测孔或轴的最小实体尺寸制造，用来控制工件的局部实际尺寸。检验时，通规和止规必须联合使用，只有当通规能够通过被测孔或轴，同时止规不能通过时，才可判断该孔或轴为合格，否则为不合格。

可见，孔或轴尺寸的合格性，应是其体外作用尺寸和局部实际尺寸两者的合格性。

其中，体外作用尺寸的合格性由通规体现，而局部实际尺寸的合格性由止规体现。

（2）光滑极限量规的用途及分类

在光滑工件检测时，用普通计量器具可测出孔或轴的实际尺寸数值，便于了解产品质量情况，并能对生产过程进行分析和控制。它多用于单件或小批量生产中。

与普通计量器具相比较，用极限量规检验只能判断工件被检部位的尺寸是否在图样上给定的公差范围内，以确定该工件的合格性，但不能测出工件实际尺寸的数值。由于量规结构简单，检验方便、迅速，可保证零件的互换性，因此被广泛应用于成批或大批量生产中。

光滑极限量规按其用途不同，可分为工作量规、验收量规和校对量规 3 类。

1）工作量规。工作量规是操作者在零件制造过程中检验工件时使用的量规。工作量规的通规（通端）和止规（止端）分别用"T"和"Z"表示。

国家标准《光滑极限量规　技术条件》（GB/T 1957—2006）规定，工作量规应为新的量规或磨损量较小的量规。这样，可有利于操作者严格控制产品质量，尽量减少误收，保证产品的合格率。

2）验收量规。验收量规是检验部门或用户代表在验收产品时使用的量规。验收量规也有通规和止规。

国家标准规定，制造厂家检验部门验收工件时，应使用与工作量规型式相同且已磨损较多但尚未超出磨损极限的通规，即可将旧的工作量规通规用作验收量规的通规；用户代表验收工件时，所用量规的通规应接近工件的最大实体尺寸，止规应接近工件的最小实体尺寸。

这样规定，可使检验部门既能与操作者协调一致又能保证用户要求，而用户代表验收时能最大限度地接收合格件，并减少验收纠纷。

3）校对量规。校对量规是用来检验、校对工作量规和验收量规的量规。

国家标准只对轴用量规（环规或卡规）规定了校对量规。因为轴用量规在使用过程中经常会发生碰撞、变形，且其通规需经常通过合格工件而容易磨损。所以必须对轴用量规进行定期校对，以便发现其是否已经磨损或变形。

孔用量规也需定期校对，但使用通用量仪进行检测就很方便，故国家标准对它未规定校对量规。

校对量规分为以下 3 类。

① 校通-通：用来校对轴用通规的校对量规，用代号 TT 表示。

② 校止-通：用来校对轴用止规的校对量规，用代号 ZT 表示。

③ 校通-损：用来校对轴用通规是否达到磨损极限的校对量规，用代号 TS 表示。

（3）极限尺寸判断原则

为了准确评定遵循包容要求的孔或轴是否合格，光滑极限量规设计时应遵循极限尺寸判断原则。

单一要素的孔或轴采用包容要求时，极限尺寸判断原则是：要求被测实际要素的实体不得超过最大实体边界，而被测要素任何位置的局部实际尺寸不得超过最小实体尺寸。具体来讲，一方面孔或轴的实际尺寸与形状误差综合形成的体外作用尺寸不允许超出最大实体尺寸，另一方面孔或轴在任何位置的实际尺寸不允许超出最小实体尺寸。

极限尺寸判断原则从验收的角度出发，反映了对被测工件（孔或轴）的验收要求。用光滑极限量规检验工件时，对于符合极限尺寸判断原则的量规有如下要求。

1）通规理论上应为全形规。通规体现的是最大实体边界，其测量面理论上应具有与工件相对应的完整表面。这就要求，一方面通规工作面的定形尺寸（公称尺寸）等于被测孔或轴的最大实体尺寸，能与孔或轴成面接触；另一方面通规的长度等于被测孔或轴的轴向长度。同时满足两方面要求的量规即为全形规，否则为非全形规。

若通规不是全形规，则会造成检验错误。图 1.31 所示为通规形状对检验结果的影响。显然被测轴的体外作用尺寸已超出了最大实体尺寸，应为不合格产品，全形通规不能通过该轴。但是，用非全形通规测量，其却能通过，从而造成误判。

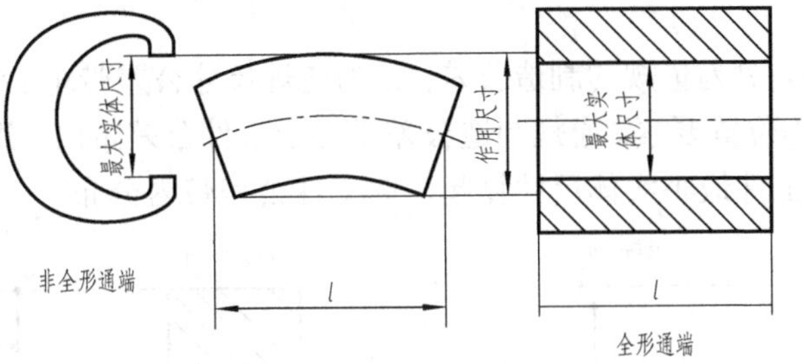

图 1.31 通规形状对检验结果的影响

2）止规理论上应为非全形规。止规用于控制工件任何位置的实际尺寸，其测量面理论上应是两点状。这就要求，止规采用两点式测量，其两点状测量面间的定形尺寸（公称尺寸）等于工件的最小实体尺寸。因此，止规应为非全形规。

图 1.32 所示为止规形状对检验结果的影响。显然被测轴在 I—I 位置上的实际尺寸已超出了最小实体尺寸，正确检验结果应是非全形止规能在该位置上通过，从而判断轴为不合格。但是，若用全形止规测量，由于其他部位的阻挡，止规不能通过该轴，从而造成误判。

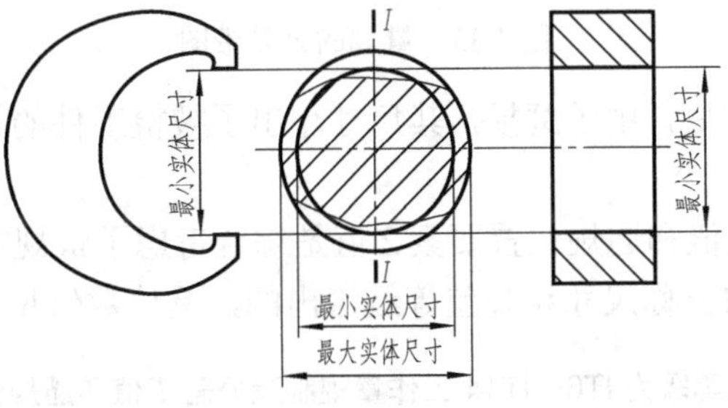

图 1.32 止规形状对检验结果的影响

在实际应用中，由于制造和使用等方面原因，量规完全遵循极限尺寸判断原则往往很困难，甚至无法实现，所以可在保证被检验孔或轴的形状误差不影响配合性质的条件下，允许极限量规偏离上述原则。

例如，对尺寸大于 100mm 的孔，用全形通规显得很笨重，这时允许使用非全形塞规；再如用环规通规不能检验曲轴及正在顶尖上加工的工件，这时允许用卡规代替；又如检验小孔的塞规止规，常采用便于制造的全形塞规。

（4）量规公差带

1）工作量规公差带。量规是一种精密检验工具。但与工件一样，量规在制造过程中也会产生制造误差，因此必须规定量规的制造公差。国家标准规定，工作量规的通规和止规具有相同的制造公差 T，且公差带均位于被检工件的尺寸公差带内，以便有效控制误收。

用通规检验工件时，通规需要频繁通过每一个合格件，其工作面容易磨损。为保证通规有合理的使用寿命，通规的公差带与工件最大实体尺寸之间必须有一段内缩距离，以留出备磨量。用止端检验工件时，止规不需要通过合格工件，不易磨损，因此止规不需要留备磨量。

如图 1.33 所示，T 为量规的制造公差；Z 为通规尺寸公差带中心与工件最大实体尺寸之间的距离，称为位置要素。通规制造公差带位于工件公差带内，并对称于 Z 值分布。止规制造公差带从工件最小实体尺寸算起，向工件公差带内分布。

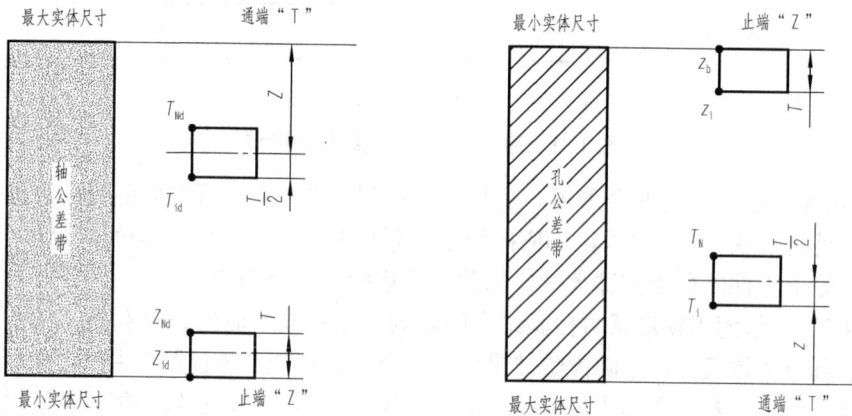

（a）环规的公差带 　　（b）塞规的公差带

图 1.33　量规的公差带图

通规使用一段时间后，由于磨损，其尺寸超出了被检工件的最大实体尺寸，通规即报废。

量规的制造公差 T 值和通规位置要素 Z 值是综合考虑了量规的制造工艺水平和一定的使用寿命，按工件的公称尺寸和公差等级给出的，具体数值见表 1.20。

表 1.20　公差等级为 IT6～IT14 工作量规制造公差 T 值和通规位置要素 Z 值

工件基本尺寸 D/mm	IT6	T	Z	IT7	T	Z	IT8	T	Z	IT9	T	Z	IT10	T	Z	IT11	T	Z	IT12	T	Z	IT13	T	Z	IT14	T	Z
												μm															
≤3	6	1.0	1.0	10	1.2	1.6	14	1.6	2.0	25	2.0	3	40	2.4	4	60	3	6	100	4	9	140	6	14	250	9	20
>3~6	8	1.2	1.4	12	1.4	2.0	18	2.0	2.6	30	2.4	4	48	3.0	5	75	4	8	120	5	11	180	7	16	300	11	25

续表

工件基本尺寸 D/mm	IT6			IT7			IT8			IT9			IT10			IT11			IT12			IT13			IT14		
	IT6	T	Z	IT7	T	Z	IT8	T	Z	IT9	T	Z	IT10	T	Z	IT11	T	Z	IT12	T	Z	IT13	T	Z	IT14	T	Z
	μm																										
>6~10	9	1.4	1.6	15	1.8	2.4	22	2.4	3.2	36	2.8	5	58	3.6	6	90	5	9	150	6	13	220	8	20	360	13	30
>10~18	11	1.6	2.0	18	2.0	2.8	27	2.8	4.0	43	3.4	6	70	4.0	8	110	6	11	180	7	15	270	10	24	430	15	35
>18~30	13	2.0	2.4	21	2.4	3.4	33	3.4	5.0	52	4.0	7	84	5.0	9	130	7	13	210	8	18	330	12	28	520	18	40
>30~50	16	2.4	2.8	25	3.0	4.0	39	4.0	6.0	62	5.0	8	100	6.0	11	160	8	16	250	10	22	390	14	34	620	22	50
>50~80	19	2.8	3.4	30	3.6	4.6	46	4.6	7.0	74	6.0	9	120	7.0	13	190	9	19	300	12	26	460	16	40	740	26	60
>80~120	22	3.2	3.8	35	4.2	5.4	54	5.4	8.0	87	7.0	10	140	8.0	15	220	10	22	350	14	30	540	20	46	870	30	70
>120~180	25	3.8	4.4	40	4.8	6.0	63	6.0	9.0	100	8.0	12	160	9.0	18	250	12	25	400	16	35	630	22	52	1000	35	80
>180~250	29	4.4	5.0	46	5.4	7.0	72	7.0	10.0	115	9.0	14	185	10.0	20	290	14	29	160	18	40	720	26	60	1150	40	90
>250~315	32	4.8	5.6	52	6.0	8.0	81	8.0	11.0	130	10.0	16	210	12.0	22	320	16	32	520	20	45	810	28	66	1300	45	100
>315~400	36	5.4	6.2	57	7.0	9.0	89	9.0	12.0	140	11.0	18	230	14.0	25	360	18	36	570	22	50	890	32	74	1400	50	110
>400~500	40	6.0	7.0	63	8.0	10.0	97	10.0	14.0	155	12.0	20	250	16.0	28	400	20	40	630	24	55	970	36	80	1550	55	120

2）验收量规公差带。在国家标准中，没有单独规定验收量规公差带，但规定了检验部门应使用磨损较多的通规，而用户代表应使用接近工件最大实体尺寸的通规及接近工件最小实体尺寸的止规。

3）校对量规公差带。国家标准规定，轴用量规的 3 种校对量规的公差 T_P 均等于被校量规公差 T 的一半。

① 校通-通（TT）：用于在轴用通规制造时，防止轴用通规发生变形而尺寸过小。它的公差带从被校通规的下极限偏差算起，向通规公差带内分布。检验时，这个校对塞规应通过被校对的轴用通规，否则应判断该轴用通规不合格。

② 校止-通（ZT）：用于在轴用止规制造时，防止轴用止规的尺寸过小。它的公差带从被校止规的下极限偏差算起，向止规公差带内分布。检验时，这个校对塞规应通过被校对的轴用止规，否则应判断该轴用止规不合格。

③ 校通-损（TS）：用来检验使用中的轴用通规是否已经达到磨损极限（被测轴的最大实体尺寸）。它的公差带从被校通规的磨损极限算起，向轴用通规公差带一侧分布。检验时，如果轴用通规磨损到能被这个校对塞规通过，此时该轴用通规应予以报废；若不被通过，则仍可继续使用。

由于校对量规精度高，制造困难，而目前测量技术又有了很大提高，因此在生产中逐步用量块或计量仪器代替校对量规。

（5）量规的结构型式

根据工件的结构、大小、产量和检验效率等的要求，国家标准列出了不同尺寸范围的量规通规和止规的型式（图 1.34），可供选择量规型式时参考。

常见量规的结构如图 1.35 所示。其中图 1.35（a）～（f）所示为常见塞规的结构，图 1.35（g）～（k）所示为常见卡规的结构。

（6）量规的工作尺寸设计

1）量规的极限尺寸及图样标注。量规设计时，通规的公称尺寸等于被测孔或轴的最大实体尺寸，止规的公称尺寸等于被测孔或轴的最小实体尺寸。通规、止规的极限尺寸可由被检工件的实体尺寸与通规、止规的上、下极限偏差的代数和求得。

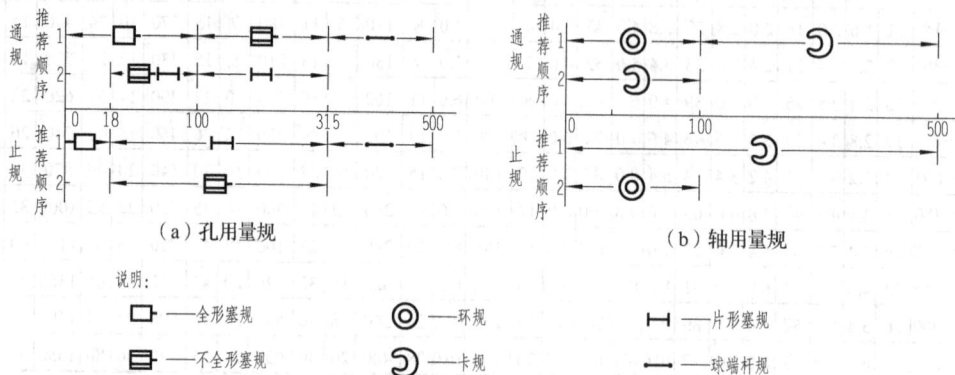

（a）孔用量规　　　　　　　　　　（b）轴用量规

说明：
　□—全形塞规　　　　◎—环规　　　　⊢⊣—片形塞规
　▣—不全形塞规　　　⊂—卡规　　　　•—球端杆规

图 1.34　量规型式及应用尺寸范围

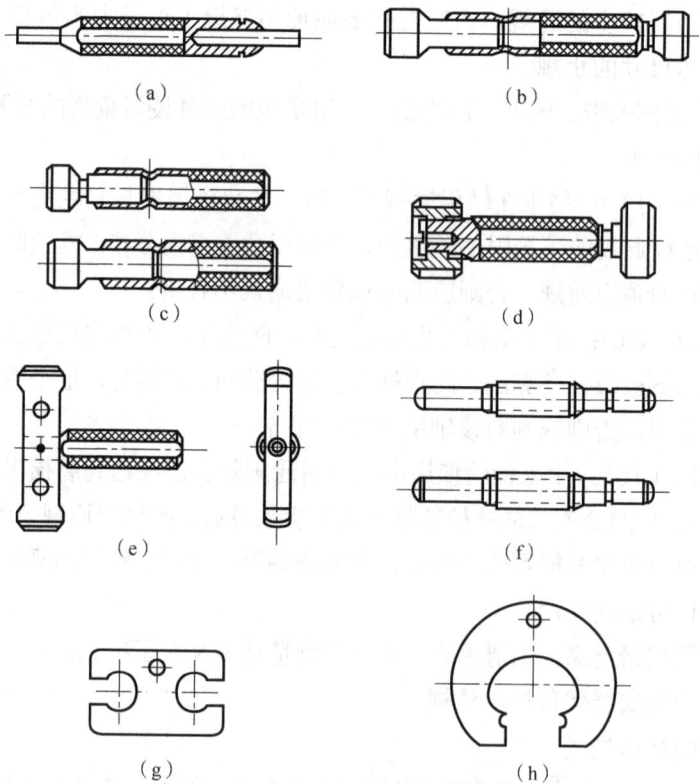

（a）　　　　　　　　　　（b）

（c）　　　　　　　　　　（d）

（e）　　　　　　　　　　（f）

（g）　　　　　　　　　　（h）

图 1.35　常见量规的结构

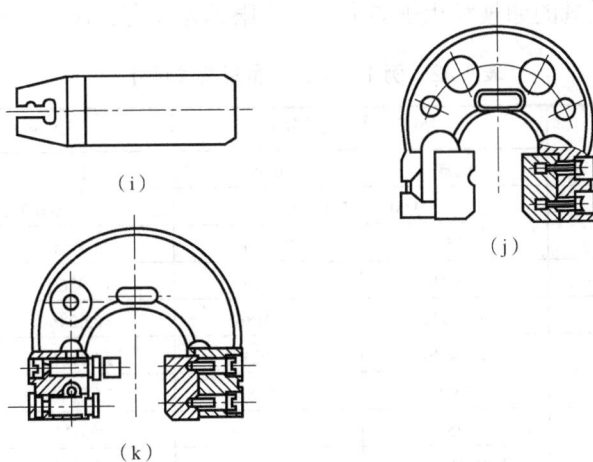

（i）

（j）

（k）

图 1.35（续）

　　在图样上标注时，实际生产中考虑方便制造，量规通规、止规工作尺寸的标注推荐采用"入体原则"，即孔用量规（塞规）按轴的基本偏差 h 标注上、下极限偏差，轴用量规（卡规或环规）按孔的基本偏差 H 标注上、下极限偏差。按此原则标注尺寸时，以量规通规或止规的最大实体尺寸作为公称尺寸，上、下极限偏差之一为零值，另一极限偏差的绝对值即为量规制造公差 T 值。

　　2）量规工作尺寸的计算步骤。

　　① 根据极限与配合国家标准，查表 1.3、表 1.6 或表 1.7 确定孔或轴的上、下极限偏差。

　　② 根据表 1.20 查取工作量规的制造公差 T 值和位置要素 Z 值。

　　③ 参照表 1.21 计算各种量规的上、下极限偏差，画出公差带图。

　　④ 计算量规的通规、止规的极限尺寸，给出其尺寸公差标注。

表 1.21　工作量规极限偏差的计算

项目	检验孔的量规	检验轴的量规
通规上极限偏差	$T_s=EI+Z+1/2T$	$T_{sd}=es-Z+1/2T$
通规下极限偏差	$T_i=EI+Z-1/2T$	$T_{id}=es-Z-1/2T$
止规上极限偏差	$Z_s=ES$	$Z_{sd}=ei+T$
止规下极限偏差	$Z_i=ES-T$	$Z_{id}=ei$

　　【例 1-9】试设计检验 $\phi25H7/n6$ 配合中，孔、轴用的工作量规。

　　解：首先确定量规的型式为检验 $\phi25H7$ 孔的孔用塞规，检验 $\phi25n6$ 轴的轴用卡规。

　　查表 1.3、表 1.6、表 1.7 得出 $\phi25H7/n6$ 的孔、轴尺寸标注分别为：$\phi25H7\left(^{+0.021}_{0}\right)$、$\phi25n6\left(^{+0.028}_{+0.015}\right)$。

分别求出工作量规的通规和止规的上、下极限偏差及有关尺寸，见表 1.22。

表 1.22 例 1-9 中工作量规有关尺寸 （单位：mm）

项目	$\phi 25H7\,(^{+0.021}_{0})$ 孔用塞规		$\phi 25n6\,(^{+0.028}_{+0.015})$ 轴用卡规	
	通规	止规	通规	止规
量规公差带参数	$Z=0.0034$ $T=0.0024$		$Z=0.0024$ $T=0.002$	
公称尺寸	25	25.021	25.028	25.015
量规公差带上极限偏差	+0.0046	+0.021	+0.0266	+0.017
量规公差带下极限偏差	+0.0022	+0.0186	+0.0246	+0.015
量规上极限尺寸	25.0046	25.021	25.0266	25.017
量规下极限尺寸	25.022	25.0186	25.0246	25.015
通规的磨损极限	25		25.028	
尺寸标注	$25.0046^{\ 0}_{-0.0024}$	$25.021^{\ 0}_{-0.0024}$	$25.0246^{+0.002}_{0}$	$25.015^{+0.002}_{0}$

⑤ 绘制孔用塞规、轴用卡规的公差带图，如图 1.36 所示。

⑥ 孔用塞规和轴用卡规的工作图分别如图 1.37 和图 1.38 所示。

（7）工作量规的主要技术条件

1）量规测量面的表面粗糙度要求。量规测量面的表面粗糙度取决于被检工件的公称尺寸、公差等级和表面粗糙度，以及量规的制造工艺水平，一般不低于国家标准中推荐的数值，见表 1.23。

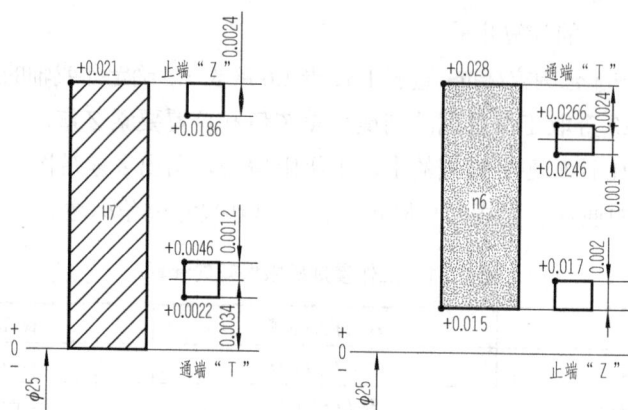

图 1.36 $\phi 25H7/n6$ 孔、轴用卡规公差带图

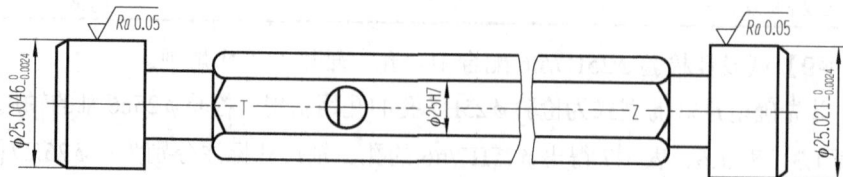

图 1.37 孔用塞规工作图

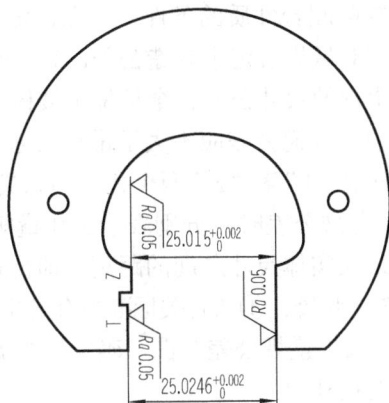

图 1.38　轴用卡规工作图

表 1.23　量规测量面的表面粗糙度参数值

工作量规	工件公称尺寸/mm		
	≤120	>120～315	>315～500
	表面粗糙度 Ra/μm		
公差等级为 IT6 的孔用量规	≤0.025	≤0.05	≤0.1
公差等级为 IT6～IT9 的轴用量规	≤0.05	≤0.1	≤0.2
公差等级为 IT7～IT9 的孔用量规			
公差等级为 IT10～IT12 的孔、轴用量规	≤0.1	≤0.2	≤0.4

2）量规工作部位的几何公差要求。量规工作表面的几何公差与尺寸公差之间遵循包容要求。量规工作部位的几何公差应不大于尺寸公差的 50%。但几何公差小于0.001mm 时，由于制造和测量都比较困难，所以几何公差都规定选为 0.001mm。

3）材料要求。量规要体现精确尺寸，故用于制造量规的材料要求线膨胀系数小，并要经过稳定性处理，以消除内应力使其内部组织稳定。同时量规工作表面还应耐磨，以提高尺寸的稳定性并延长使用寿命。因此，制造量规的材料通常为合金工具钢、碳素工具钢、渗碳钢及硬质合金等耐磨性好的材料。钢制量规测量面的硬度应为 58～65HRC。

4）外观要求。量规工作面不应有锈迹、毛刺、黑斑、划痕等明显影响外观和影响使用质量的缺陷。非工作表面不应有锈蚀和裂纹。

5）标记要求。量规必须打上清晰的标记，主要包括被检孔、轴的公称尺寸和公差带代号；量规的用途代号（通端标注"T"；止端标注"Z"），如图 1.36 和图 1.37 所示。

6）其他要求。量规的测头与手柄的联结应牢靠，使用过程中不应有松动。

总的来说，光滑极限量规是一种没有刻度的专用检验工具，用它来检验工件时，只能确定是否在允许的尺寸范围之内，不能测出工件的实际尺寸。通规和止规成对使用。通规按被检工件的最大实体尺寸制造，止规按被检工件的最小实体尺寸制造。检验时，通规能通过，止规不能通过为合格。在成批或大批量生产中多用极限量规来检验。量规分为工作量规、验收量规、校对量规 3 种。

量规设计遵循极限尺寸判断原则。符合极限尺寸判断原则的量规，通规应为全形规，止规应为非全形规（采用两点状测量）。但由于制造或使用等方面的原因，量规设计在保证被检零件的形状误差不影响配合性质的条件下，允许偏离极限尺寸判断原则。

国家标准对工作量规、校对量规规定了制造公差。对工作量规通规还规定了磨损极限。规定了工作量规和校对量规的尺寸公差带全部位于被检工件尺寸公差带之内。量规的形位误差应在尺寸公差带内，几何公差应不大于量规尺寸公差的 50%。

在量规标准中，要注意分清"T"和"Z"两个代号的意义。当它们表示量规种类时，表示"通"和"止"；当表示量规公差时，分别表示工作量规尺寸公差和工作量规通规尺寸公差带中心至被检工件最大实体尺寸之间的距离，即位置要素。

工作量规设计步骤分为 3 个步骤：①从有关标准中查出孔、轴上、下极限偏差；②从有关标准中查出 T、Z 值；③画出量规公差带图，确定量规的上、下极限偏差，按"入体原则"标注出图样中量规的尺寸。

7. 用普通计量器具检测孔、轴尺寸

在车间里，还常用游标卡尺、千分尺、指示表等普通计量器具检测生产中常用精度的工件尺寸。对此，《产品几何技术规范（GPS）光滑工件尺寸的检验》（GB/T 3177—2009）规定了有关验收方法及要求。

（1）游标卡尺

游标类量具是利用游标读数原理制成的一种常用量具，它具有结构简单、使用方便、测量范围大等特点。常用于长度测量的游标量具有游标卡尺、游标深度卡尺、游标高度卡尺等，它们的读数原理相同，所不同的主要是测量面的位置。

微课：游标卡尺的
读数及使用

1）游标卡尺的结构。常用游标卡尺的测量精度有 0.02mm 和 0.05mm 两个等级。图 1.39 所示为 0.02mm 游标卡尺的结构，测量范围有 0～125mm、0～200mm 和 0～300mm 等规格，最大测量范围可达 4000mm。

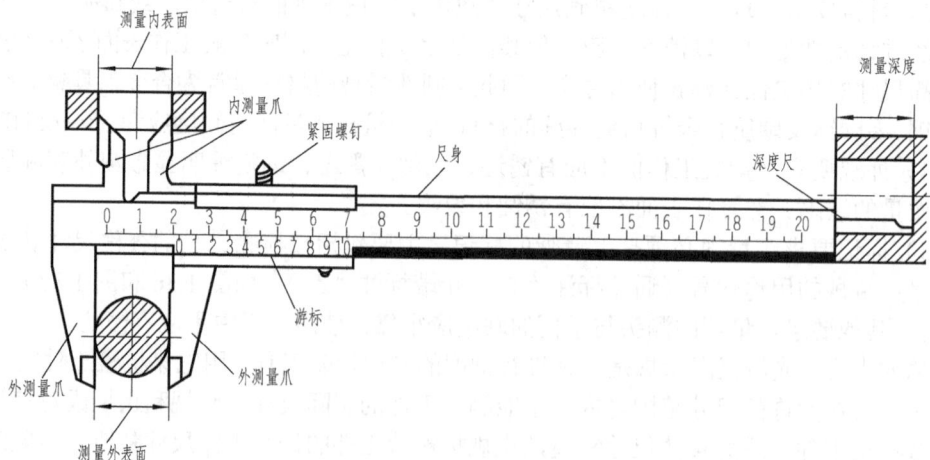

图 1.39　0.02mm 游标卡尺的结构

2）游标卡尺的读数。如图 1.40（a）所示，当两测量爪闭合时，尺身和游标的零线对齐，尺身上的 49mm 对准游标上的第 50 格，因此游标每格为 49/50=0.98（mm），尺

身与游标每格相差(1-0.98)mm =0.02mm。游标卡尺是以游标零线为基线进行读数的，以图 1.40（b）为例，其读数方法分为 3 个步骤。

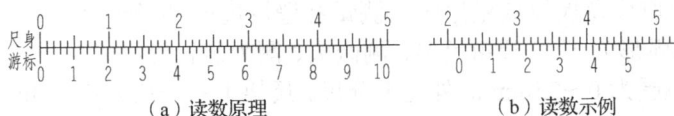

（a）读数原理　　　　　　　　（b）读数示例

图 1.40　0.02mm 游标卡尺的读数

① 先读整数。根据游标零线以左的尺身上的最近刻度线读整毫米数（23mm）。

② 再读小数。根据游标零线以右与尺身刻度线对齐的游标上的刻度线条数乘以游标卡尺的测量精度（0.02mm），即为毫米的小数值（0.26mm）。

③ 整数加小数。将上面两项读数加起来，即为被测表面的实际尺寸（23.26mm）。

3）游标卡尺的使用方法。

① 测量前，应将测量爪和被测工件表面擦拭干净，以免影响测量精度。同时，检查测量爪贴合后游标和尺身零线是否对齐，若不能对齐，可在测量后根据原始误差进行读数修正或将游标卡尺校正到零位以后再使用。

② 测量时，所用的测力以两测量爪刚好接触零件表面为宜。

③ 测量工件外尺寸时，应先使游标卡尺外测量爪间距略大于被测工件的尺寸，再使工件与尺身外测量爪贴合，然后使游标卡尺外测量爪与被测工件表面接触，并找出最小尺寸。同时，要注意外测量爪的两测量面和被测工件表面接触点的连线与被测工件表面相垂直，如图 1.41 所示。

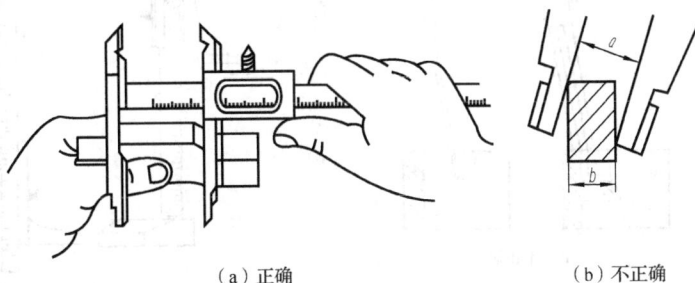

（a）正确　　　　　　　　　　（b）不正确

图 1.41　用游标卡尺测量外尺寸

④ 测量工件内尺寸时，应使游标卡尺内测量爪的间距略小于工件的被测量孔径尺寸，将测量爪沿孔中心线放入，先使尺身内测量爪与孔壁一边贴合，再使游标内测量爪与孔壁另一边接触，找出最大尺寸。同时，注意使内测量爪的两测量面和被测工件内孔表面接触点的连线与被测工件内表面相垂直，如图 1.42 所示。

⑤ 用游标卡尺的深度尺测量工件深度尺寸时，要使卡尺端面与被测工件的顶端平面贴合，同时保持深度尺与该平面垂直，如图 1.43 所示。

⑥ 图 1.44 所示为专门用于测量高度和深度的游标高度卡尺和游标深度卡尺。游标高度卡尺除用来测量工件的高度外，也常用于精密划线。

⑦ 在游标上读数时，要避免视线误差。

（2）外径千分尺

1）外径千分尺的结构。常用的外径千分尺用以测量或检验零件的外径、凸肩厚度及板厚或壁厚等（测量孔壁厚度的外径千分尺，其量面呈球弧形）。千分尺由尺架、测微头、测力装置等组成。图 1.45 是测量范围为 0～25mm 的外径千分尺。尺架 1 的一端装着固定测砧 2，另一端装着测微头。固定测砧和测微螺杆的测量面上都镶有硬质合金，以提高测量面的使用寿命。尺架的两侧面覆盖着绝热板 12，使用千分尺时，手放在绝热板上，防止人体的热量影响千分尺的测量精度。

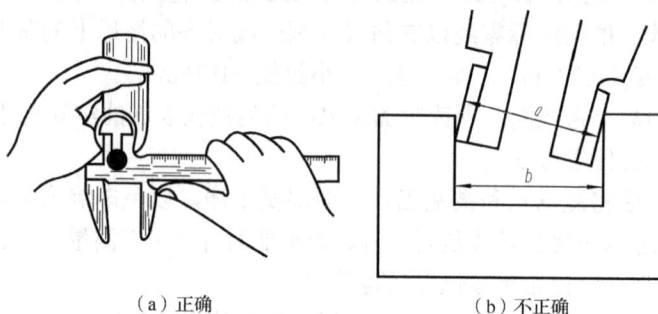

微课：外径千分尺的使用

（a）正确　　　　　　　　（b）不正确

图 1.42　用游标卡尺测量内尺寸（内径）

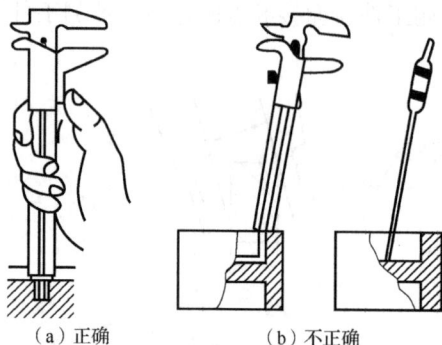

（a）正确　　　　　　（b）不正确

图 1.43　用游标卡尺测量内尺寸（深度）

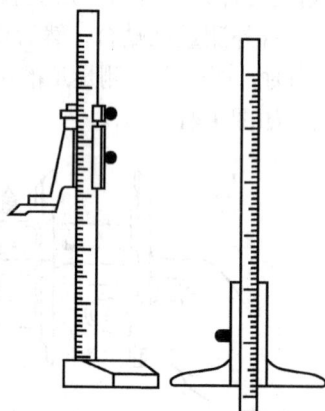

图 1.44　游标高度卡尺和游标深度卡尺

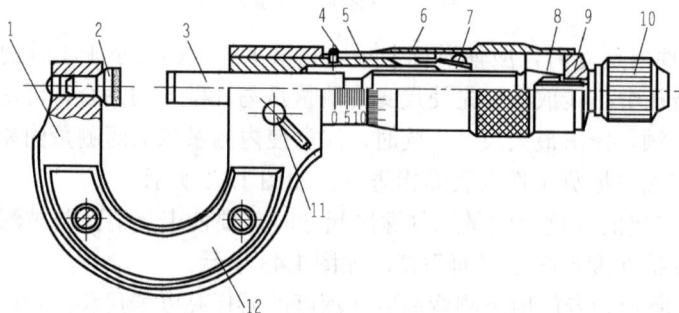

1—尺架；2—固定测砧；3—测微螺杆；4—螺纹轴套；5—固定刻度套筒；6—微分筒；
7—调节螺母；8—接头；9—垫片；10—测力装置；11—锁紧螺钉；12—绝热板。

图 1.45　0～25mm 外径千分尺

2）千分尺的工作原理和读数方法。

① 千分尺的工作原理。如外径千分尺的工作原理就是应用螺旋读数机构，它包括一对精密的螺纹——测微螺杆与螺纹轴套（图 1.45 中的 3 和 4）和一对读数套筒——固定刻度套筒与微分筒（图 1.45 中的 5 和 6）。

用千分尺测量零件的尺寸，就是把被测零件置于千分尺的两个测量面之间，所以两测砧面之间的距离就是零件的测量尺寸。当测微螺杆在螺纹轴套中旋转时，由于螺旋线的作用，测量螺杆有轴向移动，使两测砧面之间的距离发生变化。若测微螺杆按顺时针的方向旋转一周，两测砧面之间的距离就缩小一个螺距。同理，若按逆时针方向旋转一周，则两测砧面的距离就增大一个螺距。常用千分尺测微螺杆的螺距为 0.5mm。因此，当测微螺杆顺时针旋转一周时，两测砧面之间的距离就缩小 0.5mm。当测微螺杆顺时针旋转不到一周时，缩小的距离就小于一个螺距，它的具体数值可从与测微螺杆结成一体的微分筒的圆周刻度上读出。微分筒的圆周上刻有 50 个等分线，当微分筒转一周时，测微螺杆就推进或后退 0.5mm，微分筒转过它本身圆周刻度的一小格时，两测砧面之间转动的距离为

$$0.5 \div 50 = 0.01（mm）$$

由此可知：千分尺上的螺旋读数机构，可以正确地读出 0.01mm，也就是千分尺的读数值为 0.01mm。

② 千分尺的读数方法。在千分尺的固定套筒上刻有轴向中线，作为微分筒读数的基准线。另外，为了计算测微螺杆旋转的整数转，在固定套筒中线的两侧，刻有两排刻线，刻线间距均为 1mm，上下两排相互错开 0.5mm。

千分尺的具体读数方法可分为以下 3 步。

a．读出固定套筒上露出的刻线尺寸，一定要注意不能遗漏应读出的 0.5mm 的刻线值。

b．读出微分筒上的尺寸，要看清微分筒圆周上哪一格与固定套筒的中线基准对齐，将格数乘 0.01mm 即得微分筒上的尺寸。

c．将上面两个数相加，即为千分尺上测得尺寸。

如图 1.46（a）所示，在固定套筒上读出的尺寸为 8mm，微分筒上确定的尺寸为 27 格×0.01mm/格=0.27mm，估读 0.270mm，两数相加，即得被测零件的尺寸为 8.270mm；如图 1.46（b）所示，在固定套筒上读出的尺寸为 8.5mm，在微分筒上确定的尺寸为 27 格×0.01mm/格=0.27mm，估读 0.270mm，两数相加，即得被测零件的尺寸为 8.770mm。

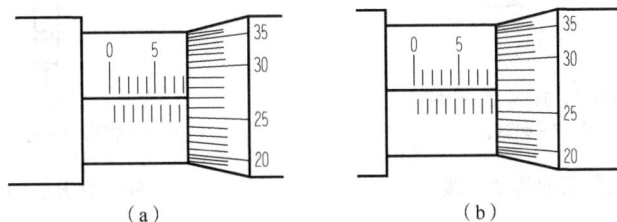

（a）　　　　　　　　　（b）

图 1.46　千分尺的读数

3）单手和双手使用千分尺的方法分别如图 1.47 和图 1.48 所示。

图 1.47　单手使用千分尺的方法

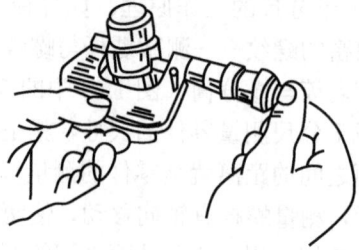

图 1.48　双手使用千分尺的方法

（3）指示表

1）百分表。百分表（常把 0.01mm 的百分表称为千分表）是指钟表式百分表。它是用来测量机械零件的各种几何形状的偏差和表面相互位置偏差的量具，或用来直接测量工件的长度。

① 百分表的传动原理及结构。百分表的传动原理如图 1.49 所示。量杆 1 上的齿条与齿轮 6 相啮合。齿轮 6 与齿轮 8 固定在同一小轴上。当量杆移动时，齿轮 6 与齿轮 8 一起转动，齿轮 8 又与装有指针 2 的齿轮 5 相啮合，因此量杆的移动可使指针在表盘上摆动。齿轮 3 在细丝弹簧 4 的作用下，也与齿轮 5 相啮合，用以消除啮合松动。弹簧 7 使量杆保持在一定位置上，测量时可产生一定的测量力。图 1.50 所示为这种百分表的传动结构。

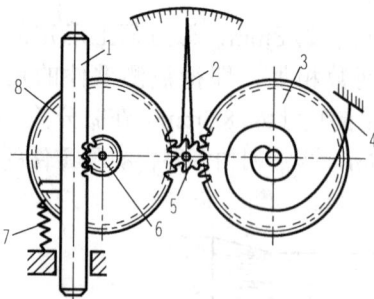

1—量杆；2—指针；3、5、6、8—齿轮；
4—细丝弹簧；7—弹簧。

图 1.49　百分表的传动原理

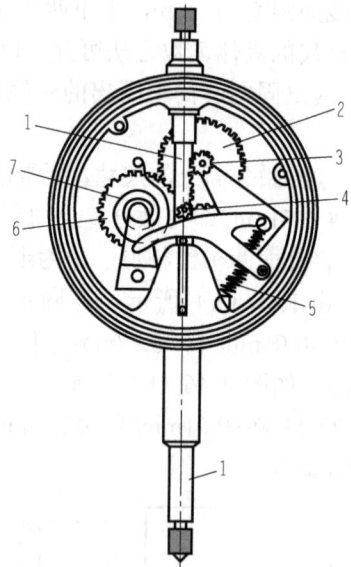

1—量杆；2、3、4、6—齿轮；
5—弹簧；7—细丝弹簧。

图 1.50　百分表的传动结构

在百分表的表盘圆周上刻 100 个等分刻度，如果指针转动 1 周而量杆的移动为 1mm，则表盘每格的读数值即为 0.01mm。普通型百分表的测量范围（量杆的最低测量位置到最高测量位置的距离）一般有 0～3mm、0～5mm、0～10mm 3 种。

②　百分表测量工件。做绝对测量时，将在平板上调好零位的百分表量杆轻轻抬起，把被测工件放在量头的下面，慢慢放下量杆，使量头与被测量表面相接触，记下指针的指示数值，再轻轻抬起和放下量杆，试一下大指针的示值是否稳定。如果稳定，则指针所指的读数值即是被测工件的尺寸（必须减去调整零位时小指针的指示数值）。

做相对测量时，将用量块组调好零位的百分表量杆轻轻抬起，放入被测工件，慢慢放下量杆，使量头与被测表面相接触，并试一下指针的示值稳定性。如果稳定，则可记下大指针的指示数值，连同量块组的尺寸，即是被测工件的尺寸，如图 1.51 所示。

读百分表指针的指示数值时，应将视线垂直于刻度盘的表面，不允许从侧面观察指针读数。如果指针指在两刻度线之间，则可凭视力估计刻度的小数值。百分表除用于测量工件的尺寸外，还可用于几何形状、相对位置偏差的检查。图 1.52 为检查安装在两专用顶针间工件的径向圆跳动的情况。

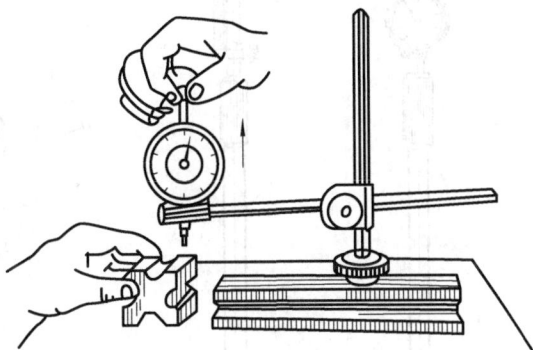

图 1.51　相对测量工件的方法

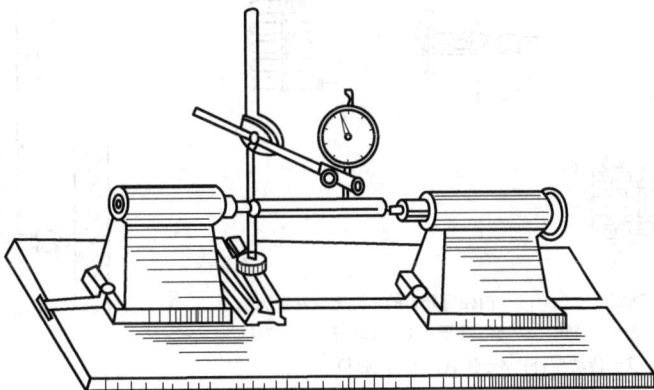

图 1.52　在两专用顶针间检查工件径向圆跳动的方法

2）内径百分表。内径百分表是用来测量孔径的，其中应用最广泛的为两点接触式内径百分表。这种百分表由表架和表头构成。表头为普通百分表的结构，虽与普通表架不完全相同，但传动原理是一致的。

图 1.53（a）为内径百分表的剖面图；图 1.53（b）为常用内径百分表的主视图及左

视图。在三通管 2 的一端装有活动量杆 6，另一端装有可换插头 1。与三通管相连的管子 3 与末端带插口的管子 5，用来装置百分表。量杆的移动使传动杠杆 7 回转，杠杆的回转又使活动杆 4 在管子内运动。定心桥 9 装在三通管上，在弹簧 8 的作用下压向外方，测量时借两爪定位。为了扩大内径百分表的测量范围，百分表附有成套的可换插头。

具有定心桥装置的内径百分表，测量孔径时能自动地使活动量杆的中心线经过孔的中心线，把量杆与可换插头调整到孔的直径位置上。

测量前，根据被测量尺寸选取相应尺寸的插头，装在表架上，然后利用标准环或外径千分尺来调整内径百分表的零位。

调整内径百分表零位时，先按几次活动杆，试一下表针的运动情况和示值稳定性，再按压定心桥，将活动量杆放入标准环内，然后放可换插头（量杆与环壁相垂直），使量杆稍做摆动，找出最小值（即表针上的拐点），如图 1.54 所示。转动百分表的刻度盘，使零线与拐点重合。再摆动几次检查零位。零位对好后，从标准环内取出内径百分表。

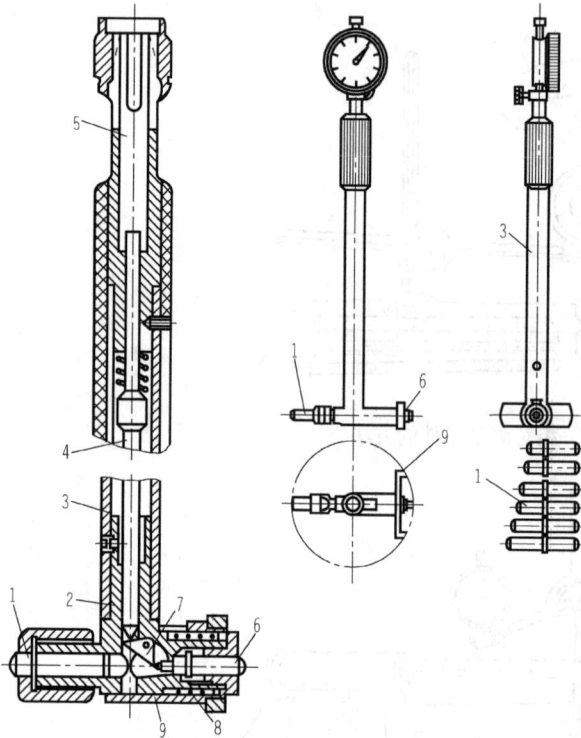

（a）内径百分表的剖面图　　（b）内径百分表的主视图及左视图

1—可换插头；2—三通管；3、5—管子；4—活动杆；
6—活动量杆；7—传动杠杆；8—弹簧；9—定心桥。

图 1.53　内径百分表　　　　　　　图 1.54　内径表分表的测量方法

测量时，操作方法与对零位相同。读数时，表针的指示数值就是被测孔径与标准环孔径的差值。如果指针正好指在零处，则说明被测孔径与标准环孔径的尺寸相同。应该注意：如果表针顺时针方向离开零位，则表示被测孔径小于标准环的孔径；如果表针逆时针方向离开零位，则表示被测孔径大于标准环的孔径。

1.2.2 计量室条件下轴套类零件的精度检测

计量室是专门从事计量测试、计量管理、计量器具检定与维修等工作部门。下面简单介绍计量室中常用于孔、轴尺寸检测量仪。

1. 立式光学比较仪

立式光学比较仪是一种精度较高而结构简单的常用量仪。它用量块作为基准与零件相比较,利用光学杠杆的放大原理,将微小的位移量转换为光学影像的位移,来测量物体外形的微差尺寸。立式光学比较仪常用于测量精密零件,其结构如图 1.55 所示。主要由底座 1、粗调手轮 2、支臂 3、立柱 4、目镜 5、光学计管 6、测头 7 和工作台 8 等部分组成。

测量时先用量块调整仪器零位,然后将被测零件放在工作台上测量,被测件的量值变化可通过光学计管的目镜观察刻度的变化而得到。

2. 机械比较仪

机械比较仪主要由杠杆式测微表及底座等组成。它利用不等臂杠杆传动将测量杆的微小直线位移放大为角位移,通过读数装置表示出来,其结构如图 1.56 所示。机械比较仪主要由工作台 1、测头 2、测微表 3、立柱 4、支臂 5 和底座 6 等部分组成。

机械比较仪适用于测量精度较高的平行平面的长度尺寸及圆柱形和球形零件的外形尺寸。

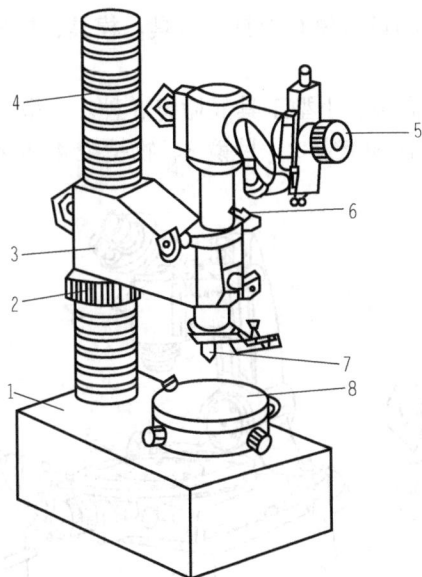

1—底座;2—粗调手轮;3—支臂;4—立柱;
5—目镜;6—光学计管;7—测头;8—工作台。

图 1.55　立式光学比较仪的结构

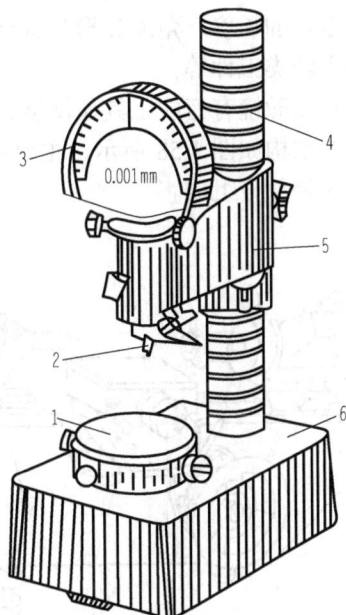

1—工作台;2—测头;3—测微表;
4—立柱;5—支臂;6—底座。

图 1.56　机械比较仪的结构

3. 万能测长仪

万能测长仪是一种由精密机械、光学系统和电气部分相结合的长度测量仪器，可用来测量零件的外形尺寸；使用专用附件还能测量内尺寸、内外螺纹中径尺寸等。它既可用于绝对测量，又可用于相对测量。万能测长仪的结构如图 1.57 所示。其主要由测座 1、万能工作台 2、尾座 3、底座 4、手柄 5、微分筒 6 和手轮 7 等部分组成。

底座的头部和尾部分别安装着测座和尾座，它们可在导轨沿测量轴线方向移动；在底座中部安装着万能工作台，通过底座尾部的平衡装置，可使工作台连同被测零件一起轻松地升降。万能工作台可有 5 个自由度的运动。中间手轮可调整其升降运动，范围为 0～105mm；旋转前端的微分筒可使工作台产生 0～25mm 的横向移动；扳动侧面两手柄可使万能工作台具有±3°的倾斜运动或使万能工作台绕其垂直轴线旋转±4°；沿测量轴线方向，万能工作台可自由移动±5mm。

万能测长仪测量外尺寸时，以尾管测头为固定测量点，测座上测量杆的顶点为活动测量点，测杆的移动距离即为被测工件的实际尺寸。测量内孔时，在仪器的测杆和尾管上分别装上内测钩，用两点法测量。测量附件主要包括内尺寸测量附件、内螺纹测量附件和电眼装置 3 类。

4. 工具显微镜

工具显微镜是一种在工业生产和科学研究部门中使用十分广泛的光学测量仪器。它具有较高的测量精度，适用于长度和角度的精密测量。同时由于配备有多种附件，其应用范围得到充分的扩大。仪器可用影像法、轴切法或接触法按直角坐标或极坐标对机械工具和零件的长度、角度和形状进行测量，主要测量对象有刀具、量具、模具、样板、螺纹和齿轮类工件等。

工具显微镜有万能工具显微镜、大型工具显微镜、小型工具显微镜 3 种。大型工具显微镜的结构如图 1.58 所示，主要由底座 1、立柱和支臂 2、目镜 3、物镜组 4 和坐标工作台 5 等部分组成。

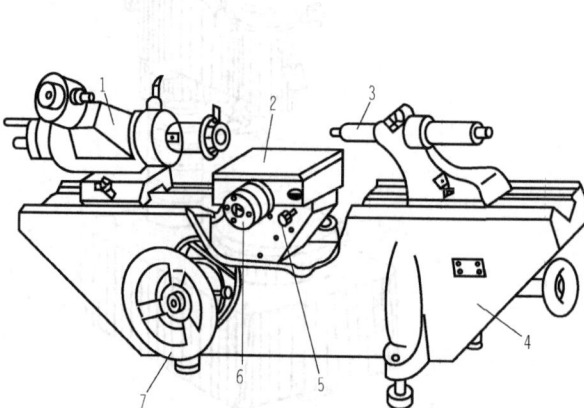

1—测座；2—万能工作台；3—尾座；
4—底座；5—手柄；6—微分筒；7—手轮。

图 1.57　万能测长仪的结构

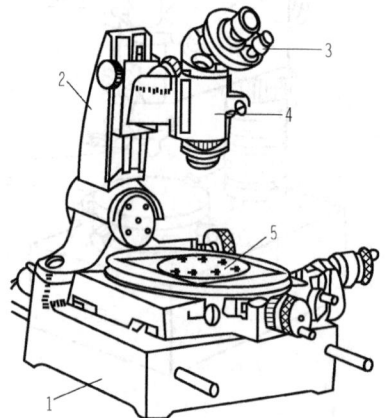

1—底座；2—立柱和支臂；3—目镜；
4—物镜组；5—坐标工作台。

图 1.58　大型工具显微镜的结构

1.2.3　其他精密测量技术与发展趋势

1. 电动量仪

电动量仪是将被测尺寸的变化量转换为电量变化，以实现长度测量的一种量仪。其特点是精度高、信号输出方便，既可用于静态测量，也可用于动态测量。

2. 气动量仪

气动量仪是将被测尺寸的变化量转换为空气压力或流量的变化，用压力计或流量计显示量值的测量仪器。其特点是可进行非接触测量。

3. 测量技术的发展趋势

近年来，几何量测量技术发展较快，从原来应用机械原理、光学原理发展到应用更多、更新的科技成果来进行技术测量。

1）数字显示技术在测量上得到充分应用，提高了读数精度与可靠性。

2）光波干涉技术的应用，尤其是激光干涉法在长度测量方面的广泛应用，不仅可以测量长度、小角度、直线度和平面度等，还可测量速度、位移和表面微观形状等，而且其测量精度高、易于实现测量自动化。

此外，将计算机与量仪紧密结合，可用于控制测量操作程序。三坐标测量机就是一种以精密机械为基础，综合应用电子技术、计算机技术、光栅与激光技术等先进技术的检测仪器，它代表着先进计量技术的发展方向。

✂〰 任务实施

1.2.4　轴、套检验规程制定

机械制造业中，轴套类零件是一类非常重要的零件。它主要用来支持旋转零件，传递转矩，保证转动零件（如凸轮、齿轮、链轮和带轮等）具有一定的回转精度和互换性。大部分轴套类零件的加工，可以在数控车床上完成。轴套类零件参数的精确与否将直接影响装配精度和产品合格率。

对轴套类零件的主要技术要求有：尺寸精度、几何形状精度、相互位置精度、表面粗糙度及其他要求。本任务主要介绍尺寸精度的测量。

1. 轴径的测量

轴径测量方法较多，其方法见表 1.24。在学校常用的测量方法有用游标卡尺、千分尺测量轴径等。

表 1.24 轴径测量方法

方法	所需测量器具	说明
通用量具法	游标卡尺、千分尺、三沟千分尺、杠杆千分尺	准确度中等，操作简便
机械式测微仪法	百分表、千分表、扭簧比较仪、量块组	其中扭簧比较仪较准确
光学测微仪法	各种立、卧式光学比较仪、量块组	准确度较高
电动量仪法	各种电感或电容测微仪、数显或电子式卡规、量块组或标准圆柱体	准确度较高，易于与计算机连接
气动量仪法	气动量仪、标准圆柱体及喷头	准确度较高、效率高
测长仪法	各种立式测长仪、万能测长仪、量块组	准确度较高
影像法	大型和万能工具显微镜	准确度一般
轴切法	大型和万能工具显微镜、测量刀组件	准确度较高

2. 孔径的测量

孔径的测量方法较多，其方法分类见表 1.25。在学校常用的测量方法有用内径指示表、游标卡尺测量孔径等。

表 1.25 孔径测量方法

方法	所需测量器具	说明
通用量具法	游标卡尺、内径千分尺	准确度中等，操作简便
机械式测微仪法	内径百分表、内径千分表、扭簧比较仪、量块组	其中扭簧比较仪较准确
光波干涉测量法	孔径测量仪	准确度较高
用量块比较法	各种电感或电容测微仪、内孔比长仪、量块组	准确度较高，易于与计算机连接
相对测量法	气动量仪	准确度较高、效率高
用电眼或内测钩法	各种立式测长仪、万能测长仪、量块组	准确度较高
影像法	大型和万能工具显微镜	准确度一般
准直法测量法	自准式测孔仪	准确度较高

3. 长度的测量

长度的测量内容较广，包括长度、轴径、孔径、几何形状、表面相互位置等参数的测量。长度测量方法较多，在学校常用游标卡尺、千分尺等进行测量。

4. 锥度的测量

锥度的测量主要用正弦规、游标万能角度尺等通用量具，或者直接采用锥度量规进行测量。

5. 圆弧的测量

圆弧的测量一般采用半径样板进行测量，应用光隙法进行估读，如果需要精确测量，可以采用三坐标测量仪进行测量。

6. 检验规程的制定

轴、套类零件的检验应该按照外径、内径、长度、锥度、圆弧的步骤逐项选择测量工具进行检验，具体见表 1.26。

表 1.26 轴、套类零件的尺寸精度检验规程

检验规程卡		产品型号			零件标号			
		产品名称			零件名称			
检验号	检验内容	测量方法	测量工具	测量值 1	测量值 2	测量结果	合格/不合格	加工后可用性	备注
10	轴径 1								
20	轴径 2								
30	······								
40	孔径 1								
50	孔径 2								
60	······								
70	长度/深度 1								
80	长度/深度 2								
90	······								
100	锥度 1								
110	锥度 2								
120	······								
130	圆弧 1								
140	圆弧 2								
150	······								
检验者				检验日期			年 月 日		

1.2.5 轴、套的常规检测

1. 轴径的检测

使用外径千分尺、游标卡尺进行轴径的检测。

千分尺轴径测量步骤如下。

1）擦净被测工件表面。

2）调整量具零位。

3）将被测工件置于两测砧之间。

4）测量并记录数据。

5）测量结束，将量具复位。

6）根据量具的示值误差，修正测量结果，还应注意量具的读数视差。

7）填写表 1.26，并按是否超出工件设计公差带所限定的上极限尺寸与下极限尺寸，判断其合格性。

2. 孔径的检测

使用内径百分表、内径千分尺进行孔径的检测。

内径百分表孔径测量步骤如下。

1）根据被测孔径的大小正确选择测头，将测头装入测杆的螺孔内。

2）按被测孔径的公称尺寸选择量块，擦净后组合于量块夹内。

3）将测头放入量块夹内并轻轻摆动，按图 1.59（a）所示的方法在指示表指针的最小值处将指示表调零（即指针转折点位置）。

4）按图 1.59（b）所示的方法测量孔径，在指示表指针的最小值处读数。

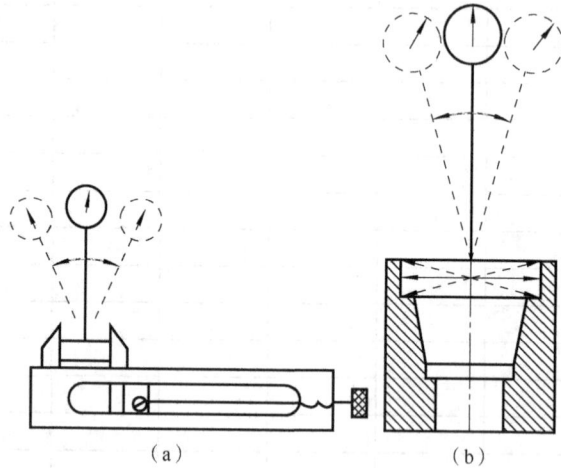

图 1.59　内径指示表找转折点

5）在孔深的上、中、下 3 个截面内，互相垂直的 2 个方向上，共测 6 个位置。

6）填写检验规程（表 1.26）。

3. 长度的检测

使用游标卡尺、外径千分尺进行轴径的检测。

游标卡尺长度测量步骤如下。

1）擦净被测工件表面。

2）调整量具零位。

3）将被测工件置于两测量爪之间。

4）测量并记录数据。

5）测量结束，将量具复位。

6）根据量具的示值误差，修正测量结果，还应注意量具的读数视差。

7）填写表 1.26，并按是否超出工件设计公差带所限定的上极限尺寸与下极限尺寸，判断其合格性。

4. 锥度的检测

(1) 用正弦规测量锥度

正弦规测量原理如下。

如图 1.60 所示,正弦规两个圆柱的直径相等,两圆柱中心线互相平行,又与工作面平行。两圆柱之间的中心距通常做成 100mm、200mm 和 300mm 3 种。在测量或加工零件的角度或锥度时,只要用量块垫起其中一个圆柱,就组成一个直角三角形,锥角 α 等于正弦规工作面与平板(假如正弦规放在平板上测量零件)之间的夹角。

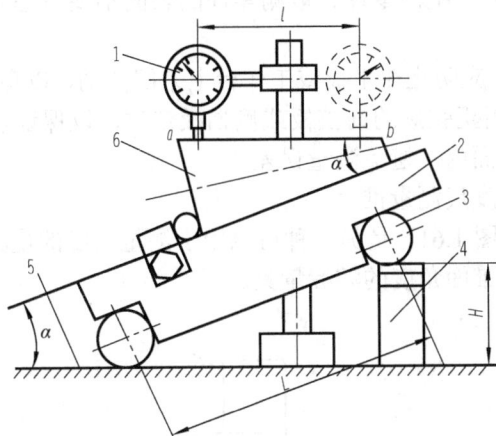

1—指示计;2—正弦规;3—圆柱;4—量块;5—平板;6—角度块。

图 1.60 正弦规测量原理

锥角 α 的对边是由量块组成的高度 H,斜边是正弦规两圆柱的中心距 L,这样利用直角三角形的正弦函数关系($\sin \alpha = H/L$)便可求出 α 的值。

若被测角度 α 与其公称值一致,则角度块上表面与正弦规平板工作面平行;若被测角度 α 有偏差,则角度块上表面与正弦规平板工作面不平行,可用在平台上移动的测微计,在被测角度块上表面两端进行测量。测微计在两个位置上的示值差与这两端点之间距离的比值,即为被测角的偏差值(用弧度来表示)。若测微计在被测角度块的小端和大端测量的示值分别为 n_1 和 n_2,两测点之间的距离为 l,则被测角偏差为

$$\Delta \alpha = (n_1 - n_2)/l$$

如果测量示值 n_1、n_2 的单位为μm,测点间距 Z 的单位为 mm,而 $\Delta \alpha$ 的单位为″时,则上式变为

$$\Delta \alpha = 206(n_1 - n_2) / Z$$

1rad=206.265″,这里只取了小数点后前 3 位数字。

测量步骤如下。

1)将正弦规、量块用不带酸性的无色航空汽油进行清洗。

2)检查测量平板、被测工件表面是否有毛刺、损伤和油污,并进行清除。

3)将正弦规放在平板上,把被测工件按要求放在正弦规上。

4）根据被测工件尺寸，选用相应高度尺寸的量块组，垫起其中的一个圆柱。

5）调整磁性表架，装入千分表（或百分表），将表头调整到相应高度，压缩千分表表头 0.1～0.2mm（百分表表头压缩 0.2～0.5mm）。紧固磁性表架各部分螺钉（装入表头的紧固螺钉不能过紧，以免影响表头的灵活性）。

6）提升表头测杆 2～3 次，检查示值稳定性。

7）求出被测角的偏差值 Δα。

8）填写锥度检验规程（表1.26）。

注意事项如下。

1）不要用正弦规检测粗糙零件。被测零件的表面不要带毛刺、研磨剂、灰屑等脏物，也要避免带磁性。

2）使用正弦规时，应防止在平板或工作台上来回拖动，以免磨损圆柱而降低精度。

3）被测零件应利用正弦规的前挡板或侧挡板定位，以保证被测零件角度截面在正弦规圆柱轴线的垂直平面内，避免测量误差。

（2）用游标万能角度尺测量锥度

游标万能角度尺（图1.61）是另一种可以用于测量角度的量具。它是一种用接触法测量斜面、燕尾槽和圆锥面角度的游标量具。

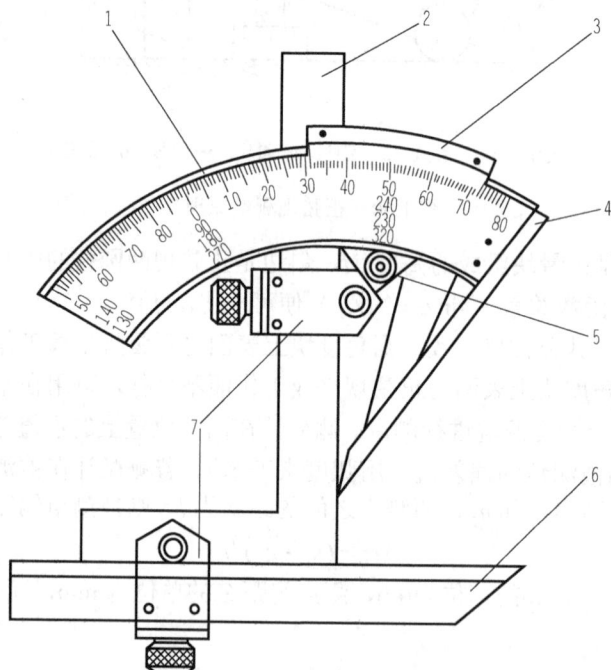

1—尺身；2—直角尺；3—游标；4—基尺；5—制动器；6—活动直尺；7—紧固装置。

图1.61　游标万能角度尺的结构

用游标万能角度尺测量锥度的方法，如图1.62所示。

（3）用锥度量规测量锥度

锥度量规的操作方法：锥度量规（图1.63）也是一种可以用于测量角度的量具，锥度测量可用涂色法检验。使用锥度量规时，应先在圆锥体或锥度塞规的外表面，顺着母线，用显示剂均匀地涂上 3 条线（线与线相隔约 120°）；然后把套规或塞规，在圆锥体或圆锥孔上转动约半周，观察显示剂的擦去情况，以此来判断工件锥度的正确性。

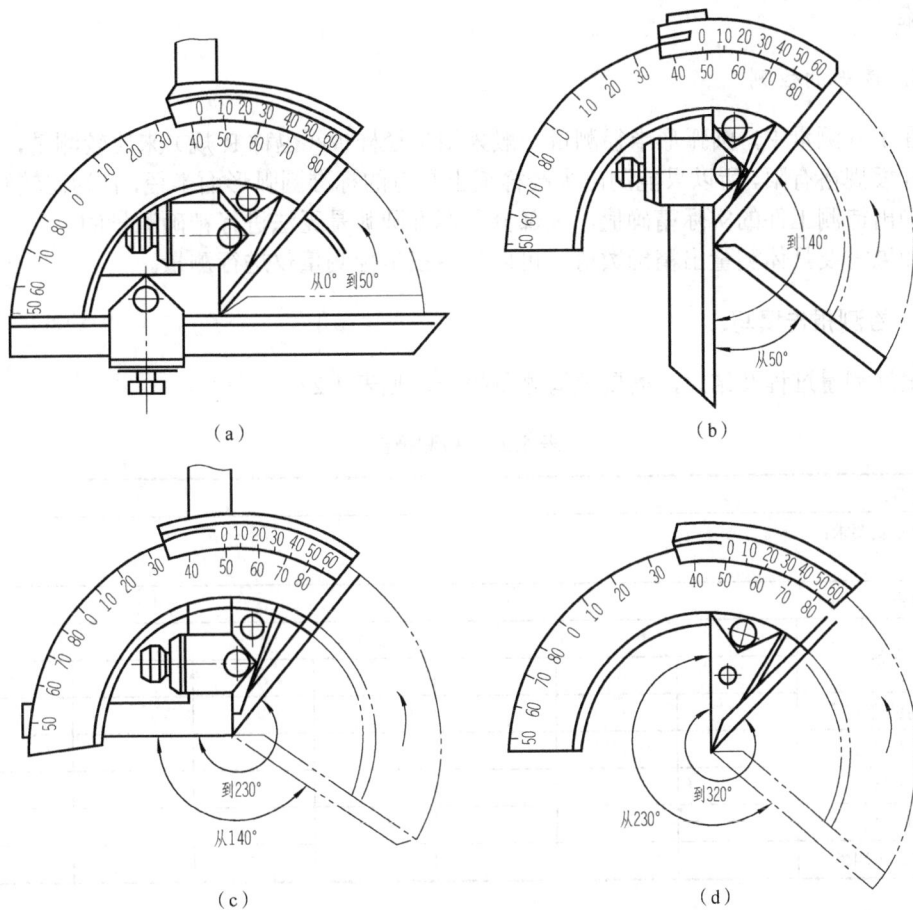

图 1.62　用游标万能角度尺测量锥度的方法

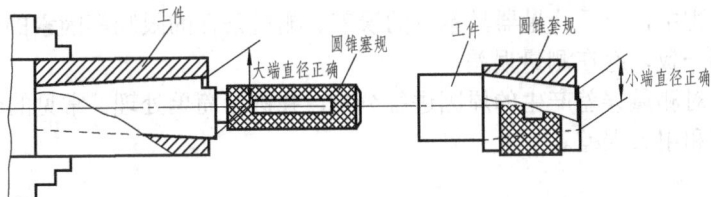

图 1.63　锥度量规的操作方法

使用锥度量规检验时应注意以下几点。

1）锥度量规的转动量若超过半周，则显示剂会互相黏结，使操作者无法正确分辨，易造成误判。

2）测量锥度以后，切不可用敲击量规的方法取下量规，否则工件在敲击后容易走动，产生锥度误差。

3）量规的锥面未擦净，不能进行测量，否则易造成读数不准确，用时也容易破坏量规的锥面，影响量规的测量精度。

4）用涂色法测量时，显示剂不能厚薄不均，否则会造成检验时的误判，给判断带来困难。

5. 圆弧的检测

在工程测量中，圆弧形半径测量一般采用半径样板（也称 R 规）来比较测量，由于半径样板规格有限，所以只能测出半径样板上具有的标准圆弧形面半径，且为比较测量，无法测出待测工件的实际精确值。大部分非标准圆弧是无法进行精确测量的。

如果需要具体测量出精确数值，可以使用三坐标测量仪进行测量。

1.2.6　检测报告填写

根据测量过程及结果，需要填写测量报告，见表 1.27。

表 1.27　检测报告

测量工具：

测量方法及要求：

检测结果：

内容	测量位置				
测量值 1					
测量值 2					
合格					
不合格					
加工后可用性					

1.2.7　误差分析

在测量过程中，由于计量器具本身的误差、测量条件的限制等因素的存在，测量结果会与真值不一致，存在测量误差。

我们需要对测量误差产生的原因进行分析，并进行简单处理。常见的分析有系统误差、随机误差和粗大误差。

项 目 评 价

本项目的考核标准见表 1.28。本次考核占课程考核成绩中的比例为 30%。

表 1.28　考核标准

序号	工作过程	主要内容	建议考核方式	评分标准	配分
1	资讯	任务相关知识查找	教师评价 50% 相互评价 50%	通过资讯查找相关知识学习，按任务知识能力掌握情况进行评分	20

续表

序号	工作过程	主要内容	建议考核方式	评分标准	配分
2	决策 计划	确定方案 编写计划	教师评价80% 相互评价20%	根据整体设计方案及采用方法的合理性进行评分	20
3	实施	方法正确 工艺合理 工序制定	教师评价20% 自己评价30% 相互评价50%	根据标注的合理性及检验规程制定的合理性、量具使用的规范性进行评分	30
4	任务总结 报告	记录实施 过程步骤	教师评价100%	根据标注、检测的任务分析、实施、总结过程记录情况进行评分	10
5	职业素养 团队合作	工作积极主动性 组织协调与合作	教师评价30% 自己评价20% 相互评价50%	根据工作积极主动性及相互协作情况进行评分	20

项 目 小 结

1. 互换性的基本概念及其在制造业领域的作用。

2. 公差与配合的基本概念及各参数之间的相互运算关系。

3. 极限与配合的国家标准，包含标准公差系列和基本偏差系列，国家标准的查表方法；极限与配合的选用方法。

4. 标注零件的尺寸公差的方法。

5. 检测的概念，测量精度；光滑极限量规的使用与设计；常用计量器具及其工作原理及使用方法。

6. 各种尺寸的检测步骤，检验规程的制定，结果的评价，误差的分析。

通过本任务学习，学生应该熟练掌握尺寸公差的国家标准，能够应用国家标准进行尺寸精度设计、计算、标注等；同时应该能够使用通用量具对轴径、孔径、长度、锥度、圆弧等尺寸进行测量，并判断合格性，给出误差分析。

练习与提高

1. 什么是公称尺寸、实际尺寸和极限尺寸？

2. 什么是偏差、极限偏差？

3. 什么是尺寸公差？

4. 有一孔 $\phi 80^{+0.032}_{0}$ mm，试计算 D_{max}、D_{min} 和 T_h，并画出公差带图。

5. 有一轴 $\phi 45^{+0.012}_{-0.007}$ mm，试计算 d_{max}、d_{min} 和 T_f，并画出公差带图。

6. 什么是配合？配合有哪 3 种？

7. 有一孔、轴配合，孔 $\phi 120^{+0.035}_{0}$ mm，轴 $\phi 120^{-0.012}_{-0.034}$ mm，试判断配合性质；计算极限间隙或过盈；并画出配合公差带图。

8. 有一孔、轴配合，孔 $\phi 50^{+0.023}_{0}$ mm，轴 $\phi 50^{+0.008}_{-0.012}$ mm，试判断配合性质；计算极限间隙或过盈；并画出配合公差带图。

9. 什么是标准公差？用什么符号表示？其公差等级共分多少级？公差等级与零件的尺寸精度有什么关系？

10. 公差值的大小与什么有关？公差等级相同，公差值是否相同？

11. 什么是基本偏差？用什么来表示？孔、轴各有多少基本偏差？

12. 公差配合基准制有几种？定义是什么？各有什么特点？

13. 试查出下列尺寸的极限偏差值：$\phi 30c11$、$\phi 50f8$、$\phi 30js6$、$\phi 96h6$、$\phi 80m8$、$\phi 130S7$、$\phi 160U6$、$\phi 35F8$、$\phi 55H8$、$\phi 100N7$。

14. 有以下孔、轴配合：$\phi 50H7/f6$；$\phi 100H8/k7$；$\phi 120S7/h6$。试：

1）判断基准制；

2）判断配合性质，并计算极限间隙或过盈；

3）计算配合公差。

15. 解释下列各公差带的意义：$\phi 95k7$、$\phi 60js6$、$\phi 60H8$、$\phi 40H7/g6$、$\phi 80M8/h7$、$\phi 75H8/h8$。

16. 车间条件、计量室条件下常用的尺寸检测方法有哪些？简要说明应用场合。

17. 量块的"等"和"级"的概念有什么不同？按"等"或"级"使用时又有何不同？

18. 简述测量误差产生的原因。

19. 测量误差分哪几类？有何区别？

20. 用两种方法分别测量尺寸为 100mm 和 200mm 的两种零件，假设对前者和后者的测量极限误差分别为±4μm 和±6μm，比较这两种测量方法的准确度。

21. 用 83 块一套的量块组合出尺寸 59.98mm。

22. 用 46 块一套的量块组合出尺寸 23.987mm。

23. 简述计量器具的选用原则。

24. 光滑极限量规的通规和止规分别检验工件的什么尺寸？被检工件的合格条件是什么？

25. 量规设计应遵循什么原则？该原则的含义是什么？

26. 工作量规的公差带与工件的尺寸公差带有何关系？画出其公差带图。

27. 工作量规和校对量规的尺寸公差带是如何配置的？与哪些因素有关？

28. 试设计检验 $\phi 40H7/f6$ 配合中的孔、轴用工作量规。

29. 轴径测量方法有哪些？各使用哪些量具和仪器？

30. 孔径测量方法有哪些？各使用哪些量具和仪器？

31. 使用正弦规时，注意事项有哪些？

32. 使用锥度量规时，注意事项有哪些？

项目 2　零件的几何公差标注与精度检测

项目描述

　　根据几何公差的基础知识、几何公差的选用、公差原则等内容，完成零件形状、位置、方向及跳动方面的几何公差标注。

　　根据形状公差、位置公差、方向公差及跳动公差的检测工具及检测方法，完成零件几何公差的检验规程及检测方法的学习，并对其进行合格性判定。

任务 2.1　零件的几何公差标注

任务目标

1. 掌握几何公差的基础知识；
2. 掌握几何公差与尺寸公差的关系；
3. 能够正确选用和标注机械零件的几何公差。

任务资讯

　　机械零件几何要素的形状和位置精度不仅影响该零件的互换性，而且会影响整个机械产品的装配质量和使用性能。因此，机械零件图样上不仅要给出其尺寸公差要求，而且还要给出其几何公差要求，并按给定的几何公差来检测其几何误差。

2.1.1　零件的几何要素及分类

　　零件的几何要素又简称为"要素"，是指构成零件几何特征的点、线、面，如图 2.1 所示。几何公差研究的对象是零件的几何要素本身的形状精度和相关要素间的位置精度的问题。

　　零件的几何要素有以下几种分类。

　　1. 按存在状态分类

　　（1）理想要素

　　理想要素是具有几何学意义的要素。它是没有任何误差的理想状态下的点、线、面。

　　（2）实际要素

　　实际要素是零件上实际存在的要素。它通常用测量所得的要素来代替。由于存在测量误差，实际要素并非该要素的真实状态。

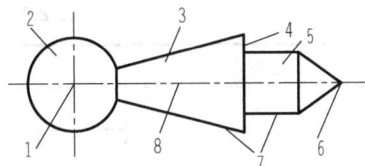

1—球心；2—球面；3—圆锥面；4—端面；
5—圆柱面；6—顶锥；7—素线；8—轴线。

图 2.1　零件的几何要素

2. 按所处地位分类

（1）被测要素

被测要素是图样上给出了形状或（和）位置公差的要素。它是需要研究和测量的要素。

（2）基准要素

基准要素是用来确定被测要素方向或（和）位置的要素，在图样上用基准代号标注。

3. 按结构特征分类

（1）组成要素

组成要素是构成零件轮廓的点、线、面，如圆锥的顶点、圆柱的素线、球面等。

（2）导出要素

导出要素是由相应的组成要素来体现的看不见、摸不着的点、线、面，如球心、圆柱和圆锥的轴线、槽的对称中心平面等。

4. 按被测要素功能关系分类

（1）单一要素

单一要素是仅对要素本身提出功能要求给出形状公差的要素。

（2）关联要素

关联要素是对其他要素有功能关系而给出位置、方向等公差的要素。

几何形状的要求是指对直线直不直、平面平不平、圆柱面的正截面圆不圆等的要求。而相互位置的要求则是指对两平行平面是不是平行、两垂直平面是不是垂直、两轴线是不是同轴等的要求。

几何公差与尺寸公差一样是衡量产品质量的重要技术指标之一。它对产品的工作精度、密封性、运动平稳性、耐磨性及使用寿命都有很大的影响。

2.1.2 几何公差的项目和符号

1. 几何公差项目

按照《产品几何技术规范（GPS）　几何公差形状、方向、位置和跳动公差标注》（GB/T 1182—2018），几何公差的类型、几何特征和符号见表 2.1。

表 2.1　几何公差的类型、几何特征和符号

公差类型	几何特征	符号	有无基准
形状公差	直线度	—	无
	平面度	▱	无
	圆度	○	无
	圆柱度	⌀	无

续表

公差类型	几何特征	符号	有无基准
形状公差	线轮廓度	⌒	无
	面轮廓度	⌒	无
方向公差	平行度	//	有
	垂直度	⊥	有
	倾斜度	∠	有
	线轮廓度	⌒	有
	面轮廓度	⌒	有
位置公差	位置度	⊕	无
			有
	同心度（用于中心点）	◎	有
	同轴度（用于轴线）	◎	有
	对称度	═	有
	线轮廓度	⌒	有
	面轮廓度	⌒	有
跳动公差	圆跳动	↗	有
	全跳动	↗↗	有

2. 几何公差的标注方法

在技术图样中，几何公差带应采用代号标注。几何公差代号包括：几何公差框格和指引线、几何公差项目的符号、几何公差数值和有关符号及基准代号等。

1）对被测要素的几何公差要求填写在公差框格内。几何公差框格至少有两格，也有三格、四格或五格的。按规定，从左到右填写框格，第一格为公差项目符号，第二格为公差值和有关符号，从第三格起为代表基准的字母，如图 2-2 所示。基准字母采用大写的拉丁字母，为了避免误解，不得采用字母 E、F、I、J、L、M、O、P、R。图 2.2（a）所示为两格的填写示例；图 2.2（b）所示为三格的填写示例，其中 $A—B$ 表示由基准 A 和 B 共同组成的公共基准；图 2.2（c）所示为五格的填写示例，其中基准字母 A、B、C 依次表示第一、第二、第三基准。

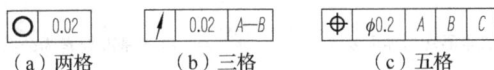

| ◯ | 0.02 |

（a）两格

| ↗ | 0.02 | A—B |

（b）三格

| ⊕ | $\phi0.2$ | A | B | C |

（c）五格

图 2.2　公差框格填写示例

2）公差框格用指引线与有关的被测要素联系起来，指引线一般从框格的左端或右端引出，也可以从侧面直接引出，但必须垂直于框格，且只能从一端引出，如图 2.3 所示。公差框格应水平或垂直放置，不能倾斜放置。指引线指向被测要素时可以曲折，但要尽量避免，而且不得多于两次。框格指引线箭头应指向公差带的宽度方向或直径方向，应用示例如图 2.4 所示。

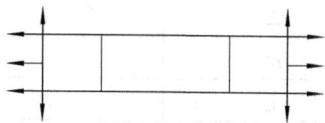

图 2.3 框格指引线引出示例

图 2.4 框格指引线应用示例

3）对于有基准要求的要素，在图样上用基准符号标注。与被测要素相关的基准用一个大写字母表示。字母标注在基准方格内，与一个涂黑的或空白的三角形相连以表示基准。

4）严格区分被测（基准）要素是组成要素还是导出要素。当被测（基准）要素为导出要素时，指引线的箭头（基准符号的连线）应与尺寸线对齐，如图 2.5（a）和图 2.6（a）所示；当被测（基准）要素为组成要素时，箭头（基准符号）指向（紧靠）该组成要素或引出线，并应明显地与尺寸线错开，如图 2.5（b）所示；当基准要素为两导出要素组成的公共基准时，可采用图 2.6（b）所示的标注方法。

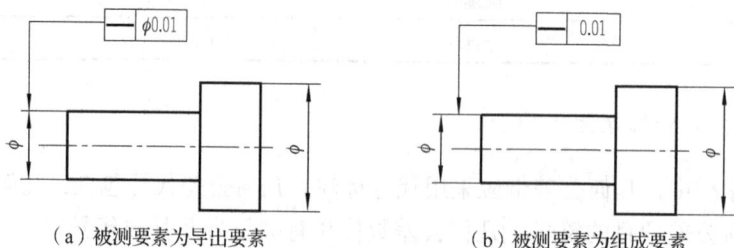

（a）被测要素为导出要素　　　　　　　　（b）被测要素为组成要素

图 2.5 被测要素为导出要素或组成要素时的标注方法

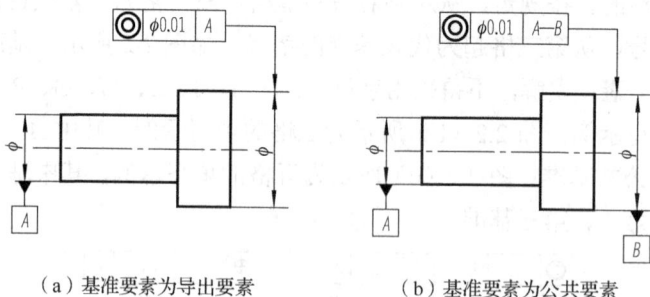

（a）基准要素为导出要素　　　　　　　　（b）基准要素为公共要素

图 2.6 基准要素为导出要素或公共要素时的标注方法

3. 几何公差带

公差带是指由一个或几个理想的几何线或面所限定的、由线性公差值表示其大小的区域。只要被测要素完全落在给定的公差带区域内，就表示被测要素的形状和位置符合设计要求。

几何公差带由形状、大小、方向和位置 4 个因素确定。几何公差带的形状由被测要素的理想形状和给定的公差特征所决定，如图 2.7 所示。几何公差带的大小体现形状、大小、方向和位置精度要求的高低，由图样上给出的几何公差值 t [当公差带形状为圆（圆柱）和球形时，应分别在公差值前面加注"ϕ"和"$S\phi$"]确定，一般指的是公差带的宽度或直径等。

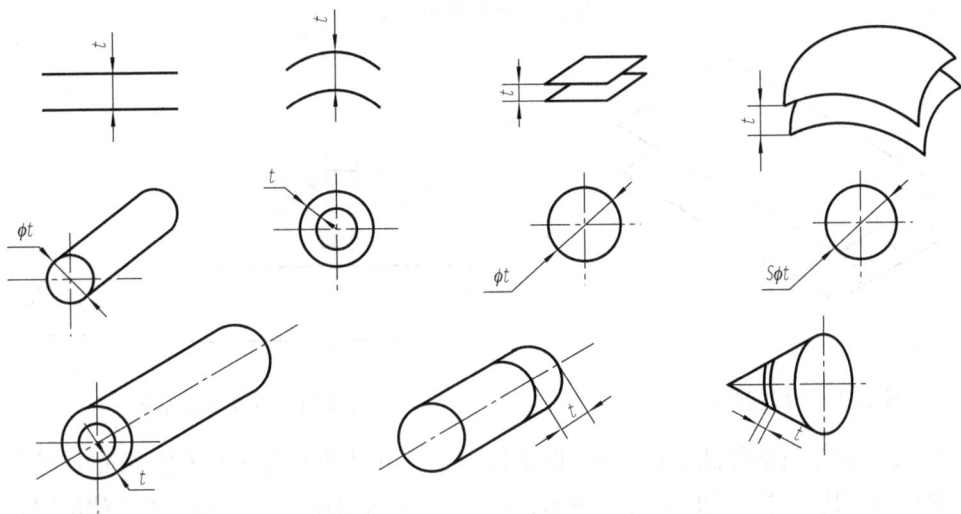

图 2.7　常用几何公差带形状

2.1.3　形状公差

形状公差是单一实际要素的形状对其理想要素所允许的变动全量；形状误差是指被测实际要素对其理想要素的变动量。形状公差与形状误差所指的要素对象是相同的，但是形状公差是在设计时给定的，而形状误差是通过测量获得的。

1. 直线度公差

1）图 2.8 中，公差带为在给定平面内和给定方向上，间距等于公差值 t 的两平行线所限定的区域。其标注示例如图 2.9 所示，表示在任一平行于图示投影面的平面内，上平面的提取（实际）线应限定在间距等于 0.1mm 的两平行直线之间。

2）图 2.10 中，公差带为间距等于公差值 t 的两平行平面所限定的区域。其标注示例如图 2.11 所示，表示提取（实际）的棱边应限定在间距等于 0.1mm 的两平行平面之间。

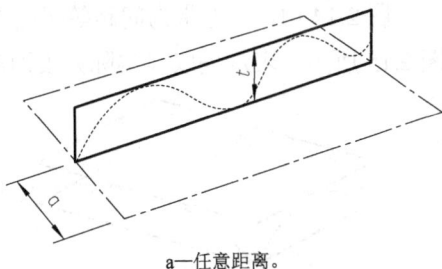

a—任意距离。

图 2.8　直线度公差带 1

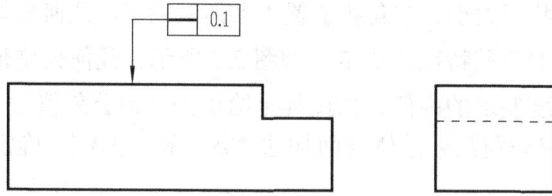

图 2.9　直线度公差 1

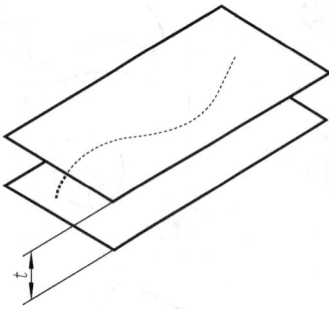

图 2.10　直线度公差带 2

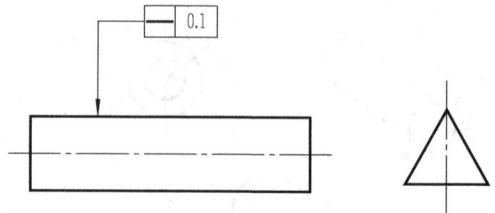

图 2.11　直线度公差 2

3）由于公差值前加注了符号 ϕ，图 2.12 中公差带为直径等于公差值 ϕt 的圆柱面所限定的区域。其标注示例如图 2.13 所示，表示外圆柱面的提取（实际）中心线应限定在直径等于 $\phi 0.08 \text{mm}$ 的圆柱面内。

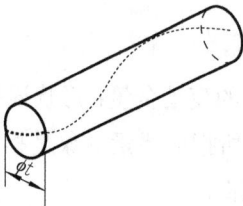

图 2.12　直线度公差带 3

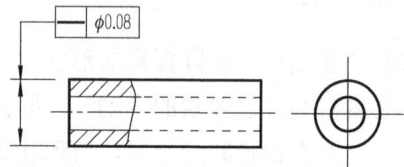

图 2.13　直线度公差 3

2. 平面度公差

图 2.14 中，公差带为间距等于公差值 t 的两平行平面所限定的区域。其标注示例如图 2.15 所示，表示提取（实际）表面应限定在间距等于 0.08mm 的两平行平面之间。

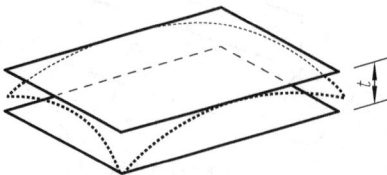

图 2.14　平面度公差带

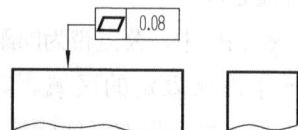

图 2.15　平面度公差

3. 圆度公差

图 2.16 中，公差带为在给定横截面内、半径差等于公差值 t 的两个同心圆所限定的区域。图 2.17 的标注表示在圆柱面和圆锥面的任意横截面内，提取（实际）圆周应限定在半径差等于 0.03mm 的两共面同心圆之间。图 2.18 的标注表示在圆锥面的任意横截面内，提取（实际）圆周应限定在半径差等于 0.1mm 的两同心圆之间。

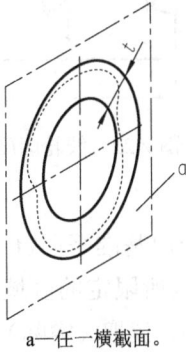

a—任一横截面。

图 2.16 圆度公差带　　　　　图 2.17 圆度公差 1

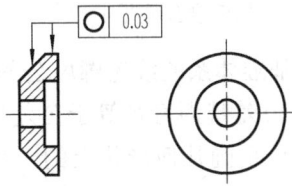

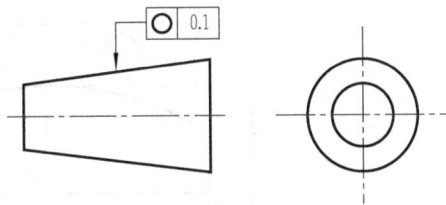

图 2.18 圆度公差 2

4. 圆柱度公差

图 2.19 中，公差带为半径等于公差值 t 的两同轴圆柱面所限定的区域。其标注示例如图 2.20 所示，表示提取（实际）圆柱面应限定在半径差等于 0.03mm 的两同轴圆柱面之间。

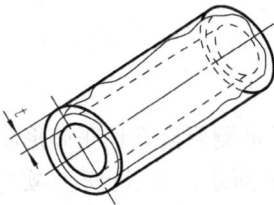

图 2.19 圆柱度公差带　　　　　图 2.20 圆柱度公差

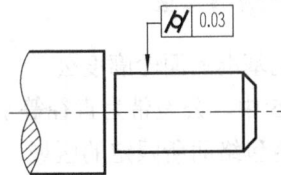

5. 线轮廓度公差

（1）无基准的线轮廓度公差

图 2.21 中，公差带为直径等于公差值 t、圆心位于具有理论正确几何形状上的一系

列圆的两包络线所限定的区域。其标注示例如图 2.22 所示，表示在任一平行于图示投影面的截面内，提取（实际）轮廓线应限定在直径等于 0.03mm、圆心位于被测要素理论正确几何形状上的一系列圆的两包络线之间。

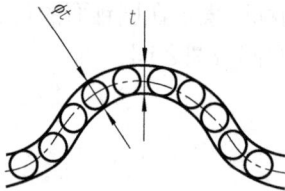

图 2.21　线轮廓度公差带 1

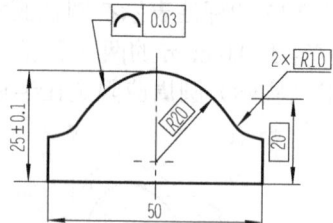

图 2.22　线轮廓度公差 1

（2）相对于基准体系的线轮廓度公差

图 2.23 中，公差带为直径等于公差值 t、圆心位于由基准平面 A 和基准平面 B 确定的被测要素理论正确几何形状上的一系列圆的包络线所限定的区域。其标注示例如图 2.24 所示，表示在任一平行于图示投影平面的截面内，提取（实际）轮廓线应限定在直径等于 0.04mm、圆心位于由基准平面 A 和基准平面 B 确定的被测要素理论正确几何形状上的一系列圆的包络线之间。

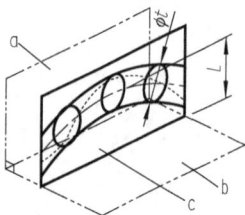

a—基准平面 A；b—基准平面 B；
c—平行于基准 A 的平面。

图 2.23　线轮廓度公差带 2

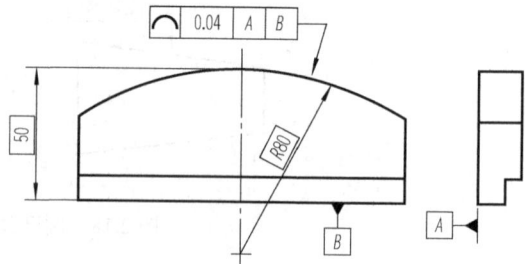

图 2.24　线轮廓度公差 2

6. 面轮廓度公差

（1）无基准的面轮廓度公差

图 2.25 中，公差带为直径等于公差值 t、球心位于被测要素理论正确形状上的一系列圆球的两包络面所限定的区域。其标注示例如图 2.26 所示，表示提取（实际）轮廓面应限定在直径等于 0.02mm、球心位于被测要素理论正确几何形状上的一系列圆球的两包络面之间。

（2）相对于基准的面轮廓度公差

图 2.27 中，公差带为直径等于公差值 t、球心位于由基准平面 A 确定的被测要素理论正确几何形状上的一系列圆球的包络面所限定的区域。其标注示例如图 2.28 所示，表示提取（实际）轮廓面应限定在直径等于 0.1mm、球心位于由基准平面 A 确定的被测要

素理论正确几何形状上的一系列圆球的两等距包络面之间。

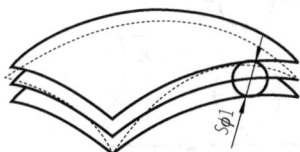

图 2.25 面轮廓度公差带 1

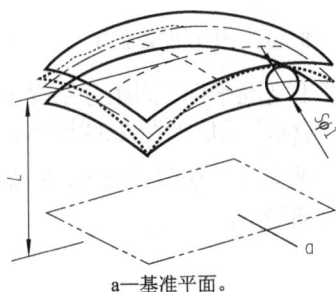

图 2.26 面轮廓度公差 1

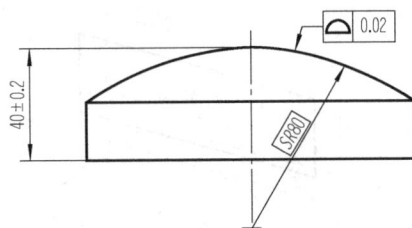

a—基准平面。

图 2.27 面轮廓度公差带 2

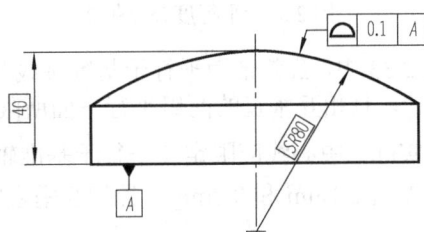

图 2.28 面轮廓度公差 2

2.1.4 方向公差

1. 平行度公差

（1）线对基准体系的平行度公差

图 2.29 中，公差带为间距等于公差值 t、平行于两基准的两平行平面所限定的区域。其标注示例如图 2.30 所示，表示提取（实际）中心线应限定在间距等于 0.1mm、平行于基准轴线 A 和基准平面 B 的两平行平面之间。

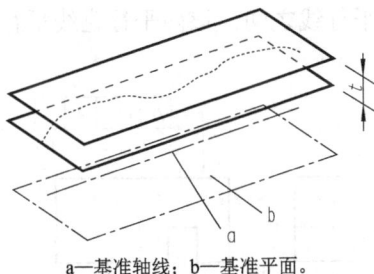

a—基准轴线；b—基准平面。

图 2.29 平行度公差带 1

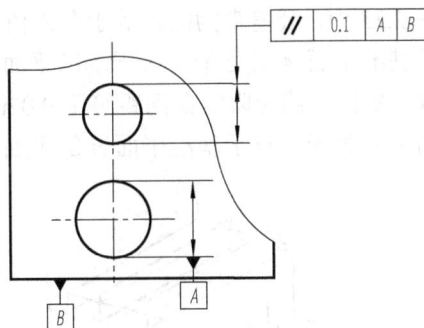

图 2.30 平行度公差 1

图 2.31 中，公差带为间距等于公差值 t、平行于基准轴线 A 且垂直于基准平面 B 的两平行平面所限定的区域。其标注示例如图 2.32 所示，表示提取（实际）中心线应限定在间

距等于 0.1mm 的两平行平面之间。该两平行平面平行于基准轴线 A 且垂直于基准平面 B。

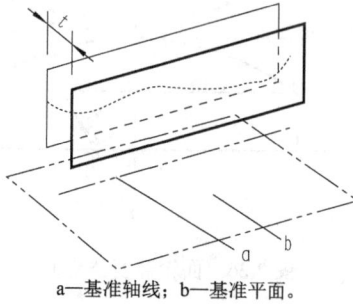

a—基准轴线；b—基准平面。

图 2.31　平行度公差带 2

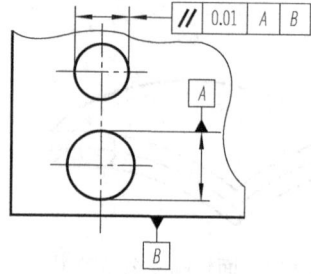

图 2.32　平行度公差 2

图 2.33 中，公差带为平行于基准轴线和平行或垂直于基准平面、间距分别等于公差值 t_1 和 t_2，且相互垂直的两组平行平面所限定的区域。其标注示例如图 2.34 所示，表示提取（实际）中心线应限定在平行于基准轴线 A 和平行或垂直于基准平面 B、间距分别等于公差值 0.1mm 和 0.2mm，且相互垂直的两组平行平面之间。

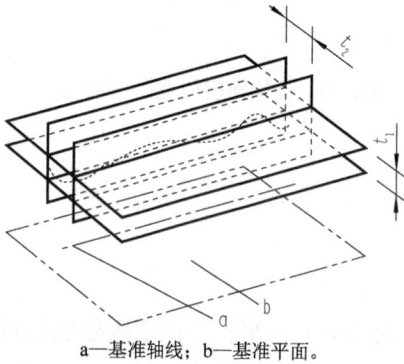

a—基准轴线；b—基准平面。

图 2.33　平行度公差带 3

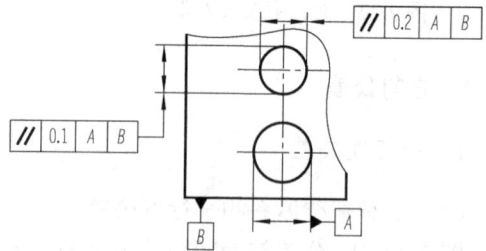

图 2.34　平行度公差 3

图 2.35 中，公差带为间距等于公差值 t 的两平行直线所限定的区域，该两平行直线平行于基准平面 A 且处于平行于基准平面 B 的平面内。其标注示例如图 2.36 所示，表示提取（实际）线应限定在间距等于 0.02mm 的两平行线之间，该两平行直线平行于基准平面 A 且处于平行于基准平面 B 的平面内。

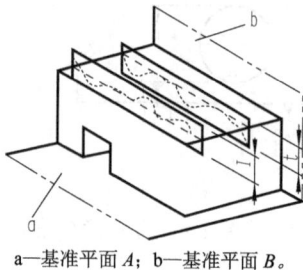

a—基准平面 A；b—基准平面 B。

图 2.35　平行度公差带 4

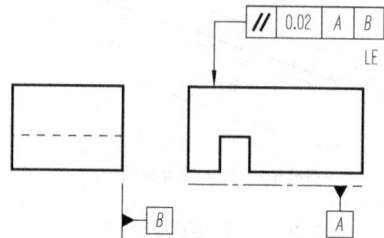

图 2.36　平行度公差 4

（2）线对基准线的平行度公差

若公差值前加注了符号 ϕ，公差带为平行于基准轴线、直径等于公差值 ϕt 的圆柱面所限定的区域（图 2.37）。其标注示例如图 2.38 所示，表示提取（实际）中心线应限定在平行于基准轴线 A、直径等于 $\phi 0.03mm$ 的圆柱面内。

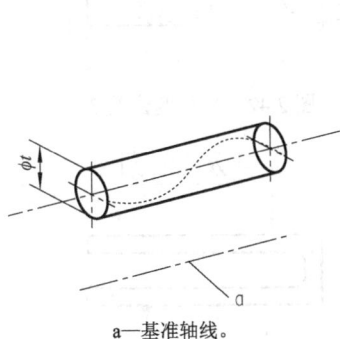

a—基准轴线。

图 2.37　平行度公差带 5

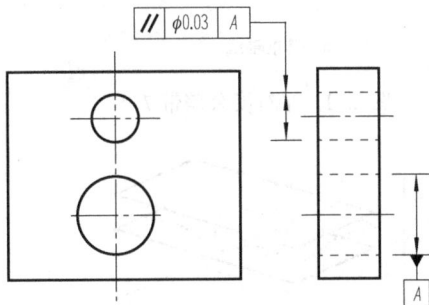

图 2.38　平行度公差 5

（3）线对基准面的平行度公差

图 2.39 中，公差带为平行于基准平面、间距等于公差值 t 的两平行平面所限定的区域。其标注示例如图 2.40 所示，表示提取（实际）中心线应限定在平行于基准平面 B、间距等于 0.01mm 的两平行平面之间。

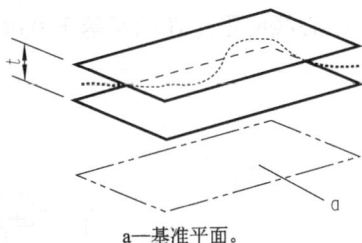

a—基准平面。

图 2.39　平行度公差带 6

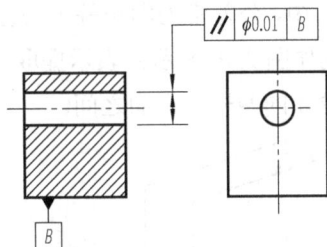

图 2.40　平行度公差 6

（4）面对基准线的平行度公差

图 2.41 中，公差带为间距等于公差值 t、平行于基准轴线的两平行平面所限定的区域。其标注示例如图 2.42 所示，表示提取（实际）表面应限定在间距等于 0.1mm、平行于基准轴线 C 的两平行平面之间。

（5）面对基准面的平行度公差

图 2.43 中，公差带为间距等于公差值 t、平行于基准平面的两平行平面所限定的区域。其标注示例如图 2.44 所示，表示提取（实际）表面应限定在间距等于 0.01mm、平行于基准平面 D 的两平行平面之间。

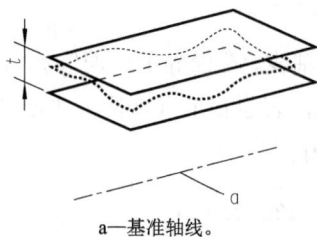

a—基准轴线。

图 2.41　平行度公差带 7

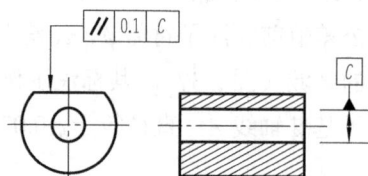

图 2.42　平行度公差 7

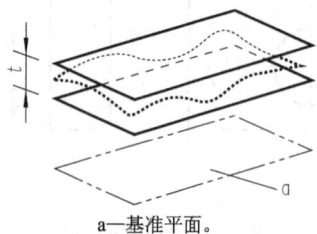

a—基准平面。

图 2.43　平行度公差带 8

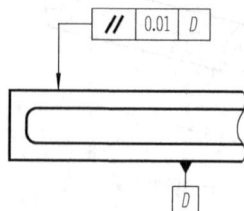

图 2.44　平行度公差 8

2. 垂直度公差

（1）线对基准线的垂直度公差

图 2.45 中，公差带为间距等于公差值 t、垂直于基准线的两平行平面所限定的区域。其标注示例如图 2.46 所示，表示提取（实际）中心线应限定在间距等于 0.06mm、垂直于基准轴线 A 的两平行平面之间。

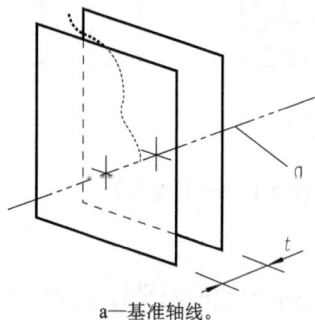

a—基准轴线。

图 2.45　垂直度公差带 1

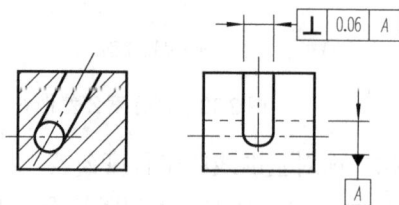

图 2.46　垂直度公差 1

（2）线对基准体系的垂直度公差

图 2.47 中，公差带为间距等于公差值 t 的两平行平面所限定的区域，该两平行平面垂直于基准平面 A 且平行于基准平面 B。其标注示例如图 2.48 所示，表示圆柱面的提取（实际）中心线应限定在间距等于 0.1mm 的两平行平面之间，该两平行平面垂直于基准平面 A，且平行于基准平面 B。

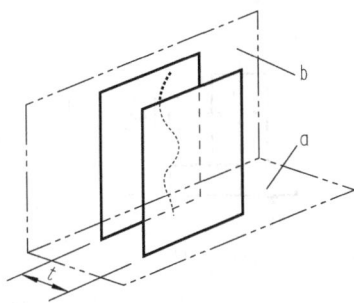

a—基准平面 A；b—基准平面 B。

图 2.47 垂直度公差带 2

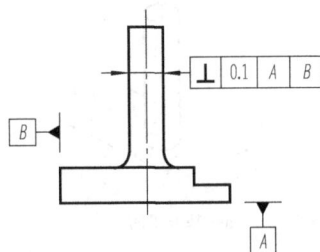

图 2.48 垂直度公差 2

公差带为间距分别等于公差值 t_1 和 t_2 ，且互相垂直的两组平行平面所限定的区域。该两组平行平面都垂直于基准平面 A。其中一组平行平面垂直于基准平面 B 如图 2.49 所示，另一组平行平面平行于基准平面 B 如图 2.50 所示。其标注示例如图 2.51 所示，表示圆柱的提取（实际）中心线应限定在间距分别等于 0.1mm 和 0.2mm，且相互垂直的两组平行平面内。

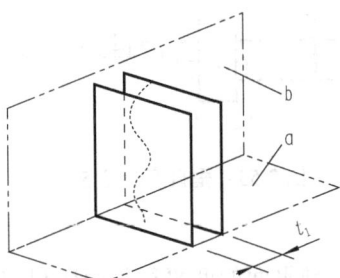

a—基准平面 A；b—基准平面 B。

图 2.49 垂直度公差带 3

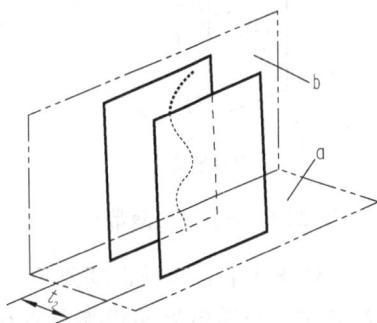

a—基准平面 A；b—基准平面 B。

图 2.50 垂直度公差带 4

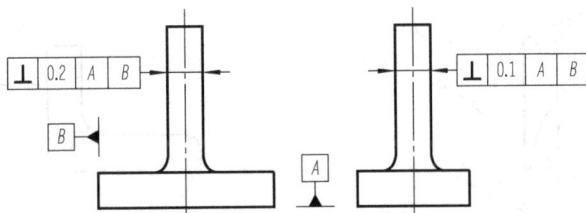

图 2.51 垂直度公差 3

（3）线对基准面的垂直度公差

若公差值前加注符号 ϕ ，公差带为直径等于公差值 ϕt、轴线垂直于基准平面的圆柱面所限定的区域（图 2.52）。其标注示例如图 2.53 所示，表示圆柱面的提取（实际）中心线应限定在直径等于 $\phi 0.01$mm、垂直于基准平面 A 的圆柱面内。

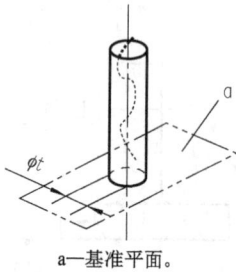

a—基准平面。

图 2.52　垂直度公差带 5

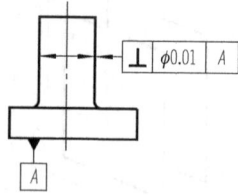

图 2.53　垂直度公差 4

（4）面对基准线的垂直度公差

图 2.54 中，公差带为间距等于公差值 t 且垂直于基准轴线的两平行平面所限定的区域。其标注示例如图 2.55 所示，表示提取（实际）表面应限定在间距等于 0.08mm 的两平行平面之间，该两平行平面垂直于基准轴线 A。

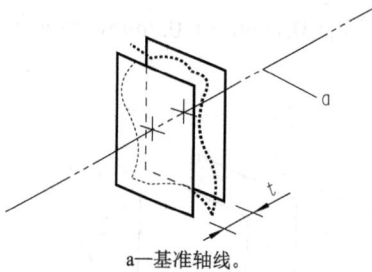

a—基准轴线。

图 2.54　垂直度公差带 6

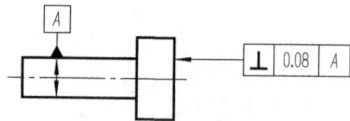

图 2.55　垂直度公差 5

（5）面对基准平面的垂直度公差

图 2.56 中，公差带为间距等于公差值 t、垂直于基准平面的两平行平面所限定的区域。其标注示例如图 2.57 所示，表示提取（实际）表面应限定在间距等于 0.08mm、垂直于基准平面 A 的两平行平面之间。

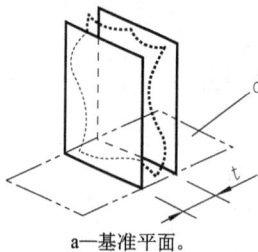

a—基准平面。

图 2.56　垂直度公差带 7

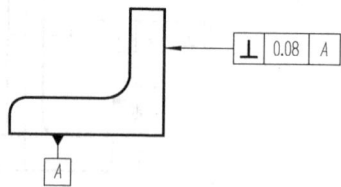

图 2.57　垂直度公差 6

3.　倾斜度公差

（1）线对基准线的倾斜度公差

1）被测线与基准线在同一平面上。图 2.58 中公差带为间距等于公差值 t 的两平行平面所限定的区域，该两平行平面按给定角度倾斜于基准轴线。其标注示例如图 2.59 所示，表示提取（实际）中心线应限定在间距等于 0.08mm 的两平行平面之间，该两平行平面按理论正确角度 60°倾斜于公共基准轴线 A—B。

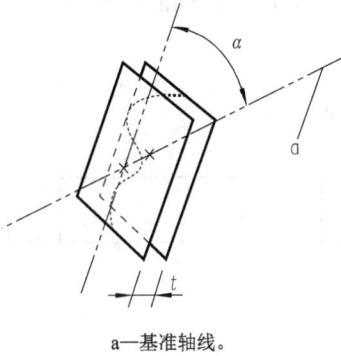

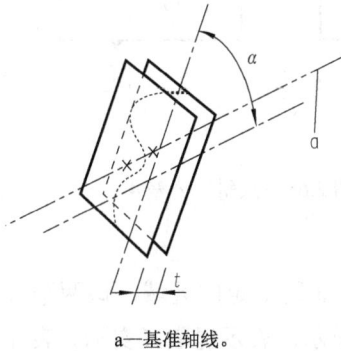

a—基准轴线。

图 2.58　倾斜度公差带 1

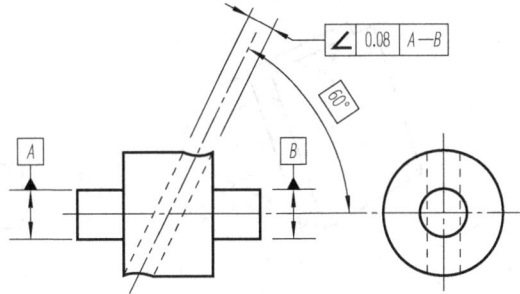

图 2.59　倾斜度公差 1

2）被测线与基准线在不同平面内。图 2.60 中，公差带为间距等于公差值 t 的两平行平面所限定的区域，该两平行平面按给定角度倾斜于基准轴线。其标注示例如图 2.61 所示，表示提取（实际）中心线应限定在间距等于 0.08mm 的两平行平面之间，该两平行平面按理论正确角度 60°倾斜于公共基准轴线 A—B。

a—基准轴线。

图 2.60　倾斜度公差带 2

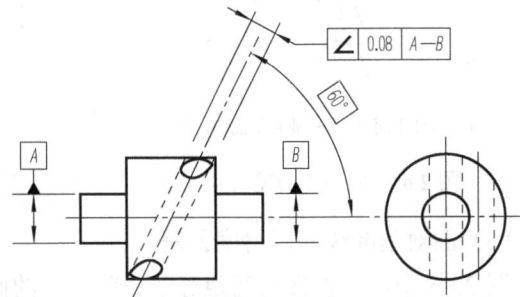

图 2.61　倾斜度公差 2

（2）线对基准面的倾斜度公差

图 2.62 中，公差带为间距等于公差值 t 的两平行平面所限定的区域，该两平行平面按给定角度倾斜于基准平面。其标注示例如图 2.63 所示，表示提取（实际）中心线应限定在间距等于 0.08mm 的两平行平面之间，该两平行平面按理论正确角度 60°倾斜于基准平面 A。

公差值前加注符号 ϕ，公差带为直径等于公差值 ϕt 的圆柱面所限定的区域。图 2.64 中，该圆柱面公差带的轴线按给定角度倾斜于基准平面 A 且平行于基准平面 B。其标注示例如图 2.65 所示，表示提取（实际）中心线应限定在直径等于 $\phi 0.1mm$ 的圆柱面内，该圆柱面的中心线按理论正确角度 $60°$ 倾斜于基准平面 A 且平行于基准平面 B。

a—基准平面。

图 2.62　倾斜度公差带 3

图 2.63　倾斜度公差 3

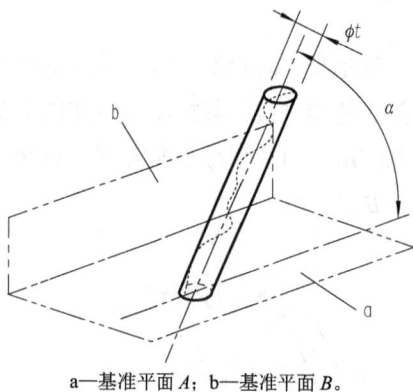

a—基准平面 A；b—基准平面 B。

图 2.64　倾斜度公差带 4

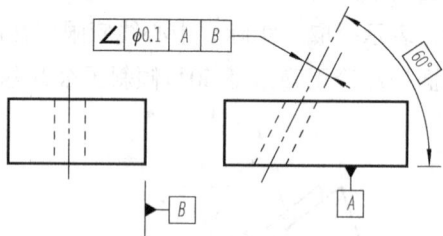

图 2.65　倾斜度公差 4

（3）面对基准线的倾斜度公差

图 2.66 中，公差带为间距等于公差值 t 的两平行平面所限定的区域，该两平行平面按给定角度倾斜于基准轴线。其标注示例如图 2.67 所示，表示提取（实际）表面应限定在间距等于 0.1mm 的两平行平面之间，该两平行平面按理论正确角度 $75°$ 倾斜于基准轴线 A。

（4）面对基准面的倾斜度公差

图 2.68 中，公差带为间距等于公差值 t 的两平行平面所限定的区域，该两平行平面按给定角度倾斜于基准平面。其标注示例如图 2.69 所示，表示提取（实际）表面应限定在间距等于 0.08mm 的两平行平面之间，该两平行平面按理论正确角度 $40°$ 倾斜于基准平面 A。

a—基准轴线。

图 2.66　倾斜度公差带 5

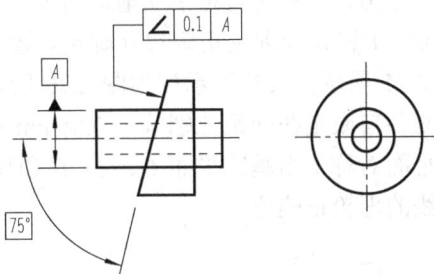

图 2.67　倾斜度公差 5

a—基准平面。

图 2.68　倾斜度公差带 6

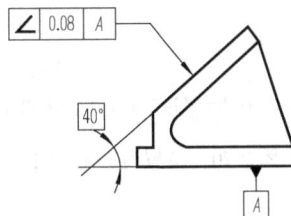

图 2.69　倾斜度公差 6

2.1.5　位置公差

1. 位置度公差

（1）点的位置度公差

公差值前加注 $S\phi$，公差带为直径等于公差值 $S\phi t$ 的圆球面所限定的区域。图 2.70 中，圆球面中心的理论正确位置由基准 A、B、C 和理论正确尺寸确定。其标注示例如图 2.71 所示，表示提取（实际）球心应限定在直径等于 $S\phi 0.3$mm 的圆球面内。该圆球面的中心由基准平面 A、基准平面 B、基准中心平面 C 和理论正确尺寸 30mm、25mm 确定。

注意：提取（实际）球心的定义尚未标准化。

（2）线的位置度公差

当给定一个方向的公差时，公差带为间距等于公差值 t、对称于线的理论正确位置的两平行平面所限定的区域。线的理论正确位置由基准平面 A、B 和理论正确尺寸确定。公差只在一个方向上给定，如图 2.72 所示。其标注示例如图 2.73 所示，表示各条刻线的提取（实际）中心线应限定在间距等于 0.1mm 对称于基准平面 A、B 和理论正确尺寸 25mm、10mm 确定的理论正确位置的两平行平面之间。

当给定两个方向的公差时，公差带为间距分别等于公差值 t_1 和 t_2、对称于线的理论正确（理想）位置的两对相互垂直的平行平面所限定的区域。线的理论正确位置由基准平面 C、A 和 B 及理论正确尺寸确定。该公差在基准体系的两个方向上给定，如图 2.74 和图 2.75 所示。其标注示例如图 2.76 所示，表示各孔的测得（实际）中心线在给定方向上应各自限定在间距分别等于 0.05mm 和 0.2mm 且相互垂直的两对平行平面内。每对平行平面对称于由基准平面 C、A、B 和理论正确尺寸 20mm、15mm、30mm 确定的各孔轴线的理论正确位置。

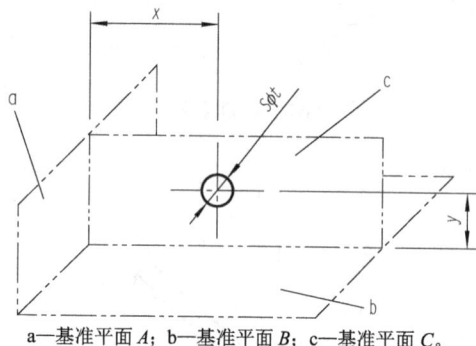

a—基准平面 A；b—基准平面 B；c—基准平面 C。

图 2.70 位置度公差带 1

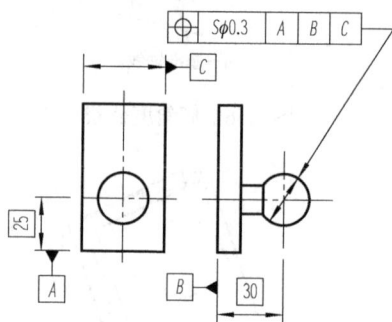

图 2.71 位置度公差 1

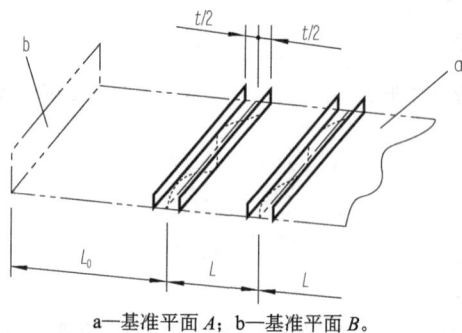

a—基准平面 A；b—基准平面 B。

图 2.72 位置度公差带 2

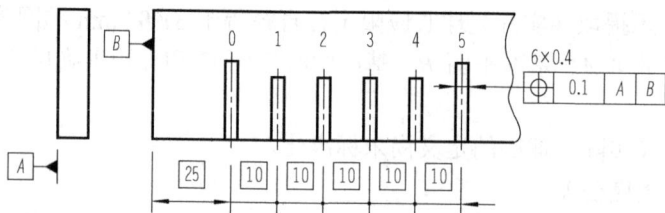

图 2.73 位置度公差 2

公差值前加注符号 ϕ，公差带为直径等于公差值 ϕt 的圆柱面所限定的区域。图 2.77 中，圆柱面的轴线的位置由基准平面 C、A、B 和理论正确尺寸确定。

图 2.78 的标注表示提取（实际）中心线应限定在直径等于 $\phi 0.08$mm 的圆柱面内。该圆柱面的轴线的位置应处于由基准平面 C、A、B 和理论正确尺寸 100mm、68mm 确

定的理论正确位置上。

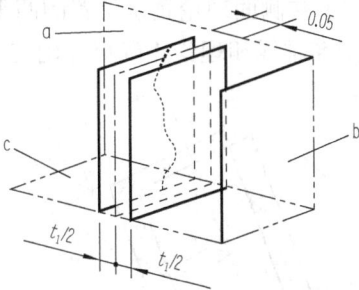

a—基准平面 A；b—基准平面 B；c—基准平面 C。

图 2.74　位置度公差带 3

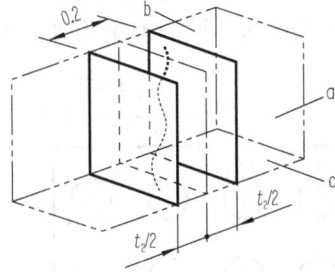

a—基准平面 A；b—基准平面 B；c—基准平面 C。

图 2.75　位置度公差带 4

图 2.76　位置度公差 3

a—基准平面 A；b—基准平面 B；c—基准平面 C。

图 2.77　位置度公差带 5

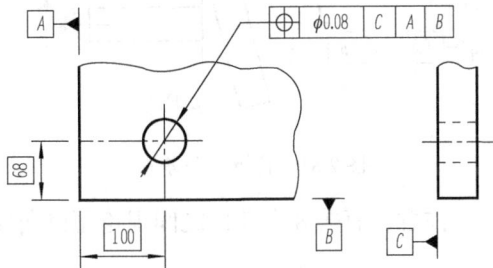

图 2.78　位置度公差 4

图 2.79 的标注表示各提取（实际）中心线应各自限定在直径等于 $\phi 0.1\text{mm}$ 的圆柱面内。该圆柱面的轴线应处于由基准平面 C、A、B 和理论正确尺寸 20mm、15mm、30mm 确定的各孔轴线的理论正确位置上。

（3）轮廓平面或中心平面的位置度公差

图 2.80 中，公差带为间距等于公差值 t，且对称于被测面理论正确位置的两平行平面所限定的区域，面的理论正确位置由基准平面、基准轴线和理论正确尺寸确定。

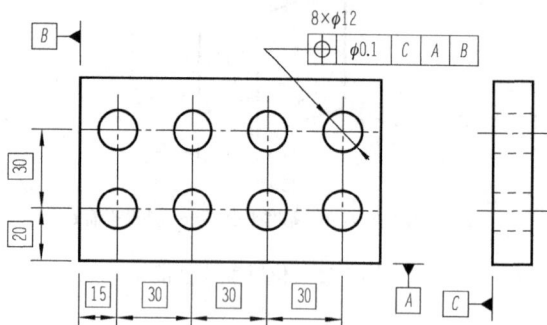

图 2.79 位置度公差 5

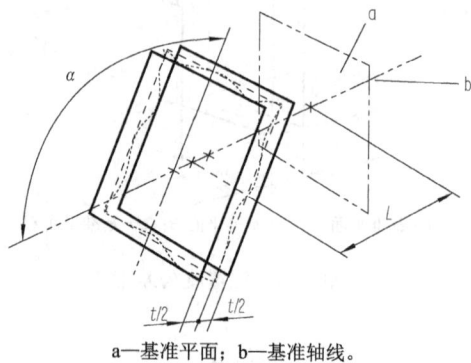

a—基准平面；b—基准轴线。

图 2.80 位置度公差带 6

图 2.81 的标注表示提取（实际）表面应限定在间距等于 0.05mm，且对称于被测面的理论正确位置的两平行平面之间。该两平行平面对称于由基准平面 A、基准轴线 B 和理论正确尺寸 15mm、105° 确定的被测面的理论正确位置。

图 2.82 的标注表示提取（实际）中心面应限定在间距等于 0.05mm 的两平行平面之间。该两平行平面对称于由基准轴线 A 和理论正确角度 45° 确定的各被测面的理论正确位置。

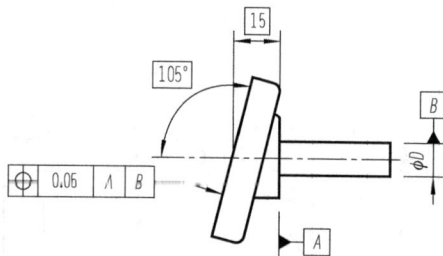

图 2.81 位置度公差 6

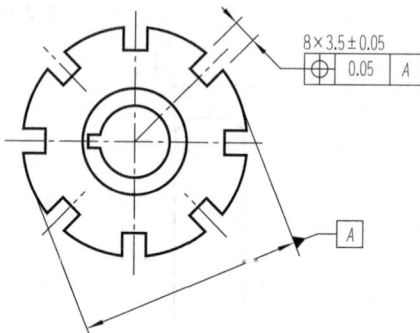

图 2.82 位置度公差 7

注意：有关 8 个缺口之间理论正确角度的默认规定见 GB/T 13319—2020。

2. 同心度和同轴度公差

（1）点的同心度公差

公差值前标注符号 ϕ，公差带为直径等于公差值 ϕt 的圆周所限定的区域。图 2.83 中圆周的圆心与基准点重合。其标注示例如图 2.84 所示，表示在任意横截面内，内圆的提取（实际）中心应限定在直径等于 $\phi 0.1$mm，以基准点 A 为圆心的圆周内。

a—基准点。

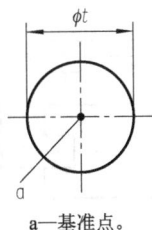

图 2.83　同心度公差带

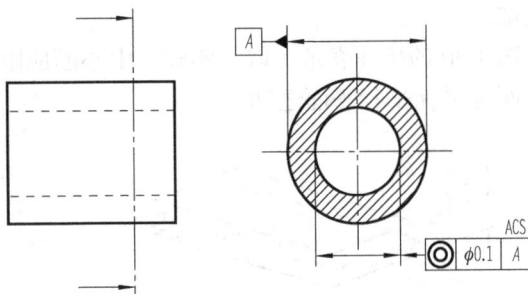

图 2.84　同心度公差

（2）轴线的同轴度公差

公差值前标注符号 ϕ，公差带为直径等于公差值 ϕt 的圆柱面所限定的区域。图 2.85 中圆柱面的轴线与基准轴线重合。

图 2.86 的标注表示大圆柱面的提取（实际）中心线应限定在直径等于 $\phi 0.08\text{mm}$、以公共基准轴线 $A\text{—}B$ 为轴线的圆柱面内。

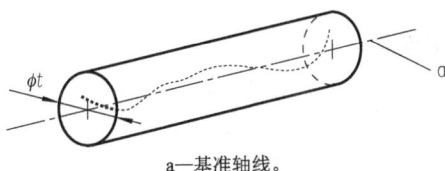

a—基准轴线。

图 2.85　同轴度公差带

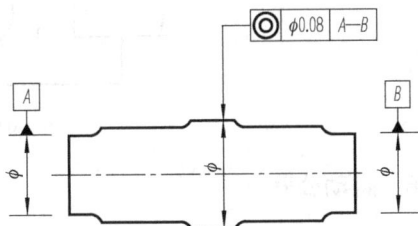

图 2.86　同轴度公差 1

图 2.87 的标注表示大圆柱面的提取（实际）中心线应限定在直径等于 $\phi 0.1\text{mm}$、以基准轴线 A 为轴线的圆柱面内。

图 2.88 的标注表示大圆柱面的提取（实际）中心线应限定在直径等于 $\phi 0.1\text{mm}$、以垂直于基准平面 A 的基准轴线 B 为轴线的圆柱面内。

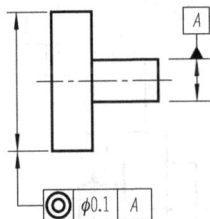

图 2.87　同轴度公差 2

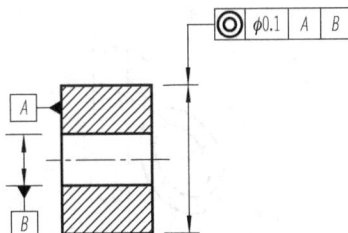

图 2.88　同轴度公差 3

3. 对称度公差

图 2.89 中，公差带为间距等于公差值 t、对称于基准中心平面的两平行平面所限定

的区域。

图 2.90 的标注表示提取（实际）中心面应限定在间距等于 0.08mm、对称于基准中心平面 A 的两平行平面之间。

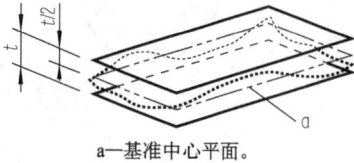

a—基准中心平面。

图 2.89　对称度公差带

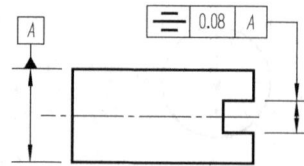

图 2.90　对称度公差 1

图 2.91 的标注表示提取（实际）中心面应限定在间距等于 0.08mm、对称于公共基准中心平面 $A—B$ 的两平行平面之间。

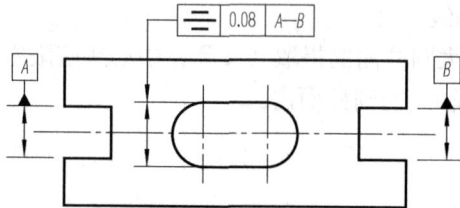

图 2.91　对称度公差 2

2.1.6　跳动公差

1. 圆跳动公差

（1）径向圆跳动公差

图 2.92 中，公差带为在任一垂直于基准轴线的横截面内、半径差等于公差值 t、圆心在基准轴线上的两同心圆所限定的区域。

图 2.93 的标注表示在任一垂直于基准 A 的横截面内，提取（实际）圆应限定在半径差等于 0.1mm、圆心在基准轴线 A 上的两同心圆之间。

a—基准轴线；b—横截面。

图 2.92　径向圆跳动公差带

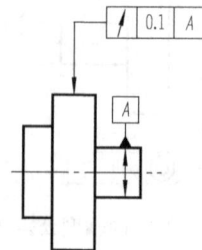

图 2.93　径向圆跳动公差 1

图 2.94 的标注表示在任一平行于基准平面 B、垂直于基准轴线 A 的截面上,提取(实际)圆应限定在半径差等于 0.1mm、圆心在基准轴线 A 上的两同心圆之间。

图 2.95 的标注表示在任一垂直于公共基准轴线 A—B 的横截面内,提取(实际)圆应限定在半径差等于 0.1mm、圆心在基准轴线 A—B 上的两同心圆之间。

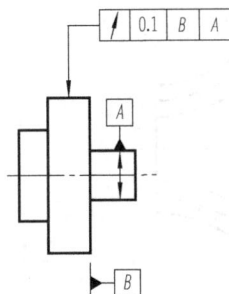

图 2.94　径向圆跳动公差 2

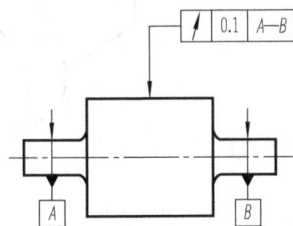

图 2.95　径向圆跳动公差 3

圆跳动通常适用于整个要素,但亦可规定只适用于局部要素的某一指定部分,标注如图 2.96 和图 2.97 所示,表示在任一垂直于基准轴线 A 的横截面内,提取(实际)圆应限定在半径差等于 0.2mm、圆心在基准轴线 A 上的两同心圆弧之间。

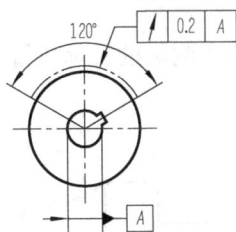

图 2.96　径向圆跳动公差 4

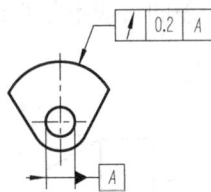

图 2.97　径向圆跳动公差 5

（2）轴向圆跳动公差

图 2.98 中,公差带为与基准轴线同轴的任一半径的圆柱截面上、间距等于公差值 t 的两圆所限定的圆柱面区域。其标注示例如图 2.99 所示,表示在与基准轴线 D 同轴的任一圆柱形截面上,提取(实际)圆应限定在轴向距离等于 0.1mm 的两个等圆之间。

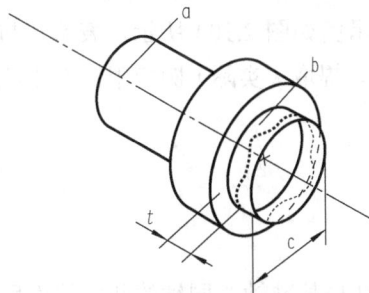

a—基准轴线；b—公差带；c—任意直径。

图 2.98　轴向圆跳动公差带

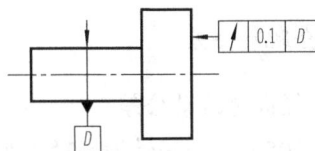

图 2.99　轴向圆跳动公差

（3）斜向圆跳动公差

图 2.100 中，公差带为与基准轴线同轴的某一圆锥截面上间距等于公差值 t 的两圆所限定的圆锥面区域。

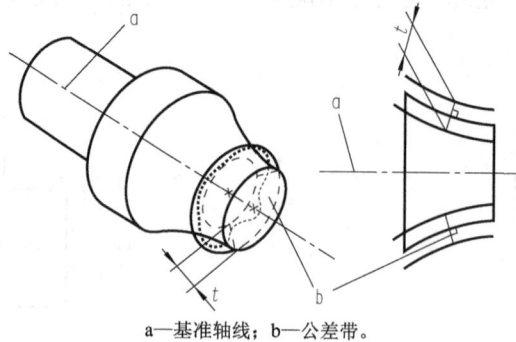

a—基准轴线；b—公差带。

图 2.100　斜向圆跳动公差带 1

除非另有规定，测量方向应沿被测表面的法向。

图 2.101 的标注表示在与基准轴线 C 同轴的任一圆锥截面上，提取（实际）线应限定在素线方向间距等于 0.1mm 的两不等圆之间。

当标注公差的素线不是直线时，圆锥截面的锥角要随所测圆的实际位置而改变，如图 2.102 所示。

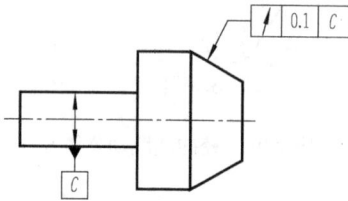

图 2.101　斜向圆跳动公差 1

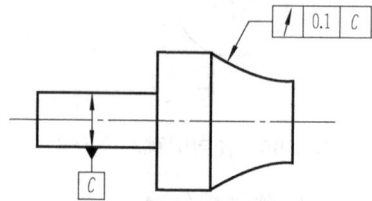

图 2.102　斜向圆跳动公差 2

（4）给定方向的斜向圆跳动公差

图 2.103 中，公差带为在与基准轴线同轴的、具有给定锥角的任一圆锥截面上，间距等于公差值 t 的两不等圆所限定的区域。其标注示例如图 2.104 所示，表示在与基准轴线 C 同轴且具有给定角度 60° 的任一圆锥截面上，提取（实际）圆应限定在素线方向间距等于 0.1mm 的两不等圆之间。

2.　全跳动公差

（1）径向全跳动公差

图 2.105 中，公差带为半径差等于公差值 t，并且与基准轴线同轴的两圆柱面所限定的区域。其标注示例如图 2.106 所示，表示提取（实际）表面应限定在半径差等于 0.1mm、与公共基准轴线 A—B 同轴的两圆柱面之间。

a—基准轴线；b—公差带。

图 2.103   斜向圆跳动公差带 2

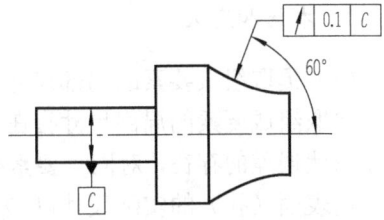

图 2.104   斜向圆跳动公差 3

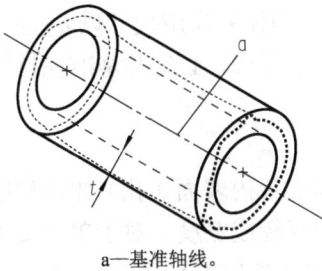

a—基准轴线。

图 2.105   径向全跳动公差带

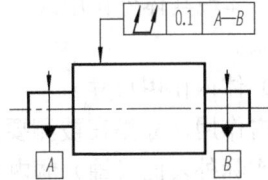

图 2.106   径向全跳动公差

（2）轴向全跳动公差

图 2.107 中，公差带为间距等于公差值 t、垂直于基准轴线的两平行平面所限定的区域。其标注示例如图 2.108 所示，表示提取（实际）表面应限定在间距等于 0.1mm、垂直于基准轴线 D 的两平行平面之间。

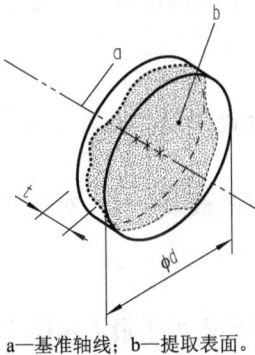

a—基准轴线；b—提取表面。

图 2.107   轴向全跳动公差带

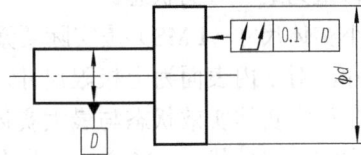

图 2.108   轴向全跳动公差

2.1.7   公差原则

在零件几何精度设计时，常常要同时给出尺寸公差、几何公差。因此，必须研究尺寸公差和几何公差的关系。确定尺寸公差与几何公差之间相互关系的原则称为公差原则，它分为独立原则和相关要求两大类。相关要求又包括包容要求、最大实体要求、最小实体要求和可逆要求等。

1. 术语和定义

（1）提取组成要素的局部尺寸（简称实际尺寸）

提取组成要素的局部尺寸指在实际要素的任意正截面上两对应点之间测得的距离。由于形状误差的存在，对同一要素在不同部位测量，测得的提取组成要素的局部尺寸不同。内表面（孔）的实际尺寸以 D_a 表示，外表面（轴）的实际尺寸以 d_a 表示。

（2）体外作用尺寸

体外作用尺寸指在被测要素的给定长度上，与实际内表面（孔）体外相接的最大理想面或与实际外表面（轴）体外相接的最小理想面的直径或宽度。对于单一要素，内表面（孔）的体外作用尺寸以 D_{fe} 表示，外表面（轴）的体外作用尺寸以 d_{fe} 表示；对于关联要素，体现其体外作用尺寸的理想面的轴线或中心平面，必须与基准保持图样给定的几何关系。

（3）体内作用尺寸

体内作用尺寸指在被测要素的给定长度上，与实际内表面（孔）体内相接的最小理想面或实际外表面（轴）体内相接的最大理想面的直径或宽度。对于单一要素，内表面（孔）的体外作用尺寸以 D_{fi} 表示，外表面（轴）的体外作用尺寸以 d_{fi} 表示；对于关联要素，体现其体内作用尺寸的理想面的轴线或中心平面必须与基准保持图样给定的几何关系。

（4）最大实体状态与最大实体尺寸

最大实体状态（MMC）是实际要素在给定长度上处处位于尺寸极限之内，并具有允许的材料量为最多时的状态。

最大实体尺寸（MMS）是实际要素在最大实体状态下的极限尺寸，对于外表面为上极限尺寸，对于内表面为下极限尺寸。

（5）最小实体状态与最小实体尺寸

最小实体状态（LMC）是实际要素在给定长度上处处位于尺寸极限之内，并具有允许的材料量为最少时的状态。

最小实体尺寸（LMS）是实际要素在最小实体状态下的极限尺寸，对于外表面为下极限尺寸，对于内表面为上极限尺寸。

（6）最大实体实效状态与最大实体实效尺寸

最大实体实效状态（MMVC）是在给定长度上，实际要素处于最大实体状态且其导出要素的形状或位置误差等于给出公差值时的综合极限状态。

最大实体实效尺寸（MMVS）是最大实体实效状态下的体外作用尺寸。对于内表面来说，最大实体实效尺寸等于最大实体尺寸减去几何公差值（加注符号Ⓜ的），对于外表面，最大实体实效尺寸等于最大实体尺寸加几何公差值（加注符号Ⓜ的）。即

$$D_{MV} = D_M - t = D_{min} - t$$

$$d_{MV} = d_M + t = d_{max} + t$$

式中，D_{MV}、d_{MV} 为孔、轴的最大实体实效尺寸；D_M、d_M 为孔、轴的最大实体尺寸；t 为导出要素的形状公差或定向、定位公差值。

（7）最小实体实效状态与最小实体实效尺寸

最小实体实效状态（LMVC）是在给定长度上，实际要素处于最小实体状态，且其导出要素的形状或位置误差等于给出的几何公差值时的综合极限状态。最小实体尺寸（LMVS）是最小实体实效状态下的体外作用尺寸。对于内表面为最小实体尺寸加几何公差值（加注符号Ⓛ的），对于外表面为最小实体尺寸减几何公差值（加注符号Ⓛ的）。即

$$D_{LV} = D_L + t = D_{max} + t$$

$$d_{LV} = d_L - t = d_{min} - t$$

式中，D_{LV}、d_{LV} 为孔、轴的最小实体实效尺寸；D_L、d_L 为孔、轴的最小实体尺寸；t 为导出要素的形状公差或定向、定位公差值。

2. 公差原则的分类

（1）独立原则

1）独立原则定义。独立原则是图样上给定的每一个尺寸公差、形状公差和位置公差要求均相互独立，被测要素应分别满足各项要求的公差原则。它是最基本的公差原则，因为大多数的产品零件的功能对其几何要素的尺寸公差和几何公差的要求是相互无关的。

2）独立原则的特点。

① 尺寸公差仅控制要素的提取组成要素的局部尺寸，不控制其几何公差。

② 给出的几何公差为定值，不随要素的实际尺寸变化而改变。

③ 采用独立原则时，在图样上未加注任何符号，表示尺寸公差与几何公差相互无关。

如图 2.109 所示，表示轴遵循独立原则。

检测时，对实际尺寸与形位误差应分别进行检测，不论实际尺寸是多少，其轴线直线度误差的允许值均为 $\phi 0.015$mm。因此轴的合格条件如下。

实际尺寸：$\phi 29.967\ \text{mm} \leqslant d_a \leqslant \phi 30\text{mm}$。

直线度误差：$f \leqslant \phi 0.015$mm。

图 2.109　独立原则标注

3）独立原则的应用。

① 当对尺寸公差无严格要求，但对几何公差有较高要求时可采用独立原则。这时尺寸通常按一般公差要求，以便获得最佳经济效益。

② 为了保证运动精度要求时，可采用独立原则。例如，当孔和轴配合后有轴向运动精度和回转精度要求时，除应给出孔轴直径公差外，还须给出直线度和圆度（或圆柱度）公差，以便能分别满足轴向运动精度和回转精度的要求，并且孔轴的直线度和圆度（或圆柱度）误差不允许随着其实际尺寸的变化而超出给定公差值。这时就要求尺寸公差与几何公差相互无关，可采用独立原则。

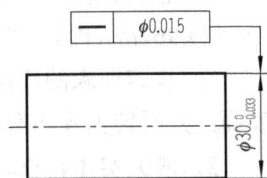

③ 对于非配合要求的要素，可采用独立原则。例如，各种长度尺寸、退刀槽、圆角等。

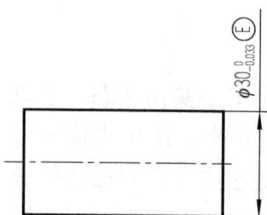

图 2.110　包容要求标注

（2）相关要求

1）包容要求。

① 包容要求的定义。包容要求是指实际要素应遵循最大实体边界，其提取组成要素的局部尺寸不得超出最小实体尺寸的公差原则。包容要求只适用于单一要素。采用包容要求时，图样上应在尺寸公差后标注Ⓔ，如图 2.110 所示。

② 包容要求的特点。遵循最大实体边界的含义即是要求实际要素的理想边界始终位于最大实体边界。其实质是当实际要素偏离其最大实体尺寸时，允许其形位误差增大，以使实际要素始终位于最大实体边界上，即尺寸公差可以补偿给几何公差。因此，包容要求具有以下特点。

a．被测要素的体外作用尺寸不得超出最大实体尺寸。

b．当被测要素的实际尺寸处为最大实体尺寸时，形位误差必须是零。

c．当被测要素的实际尺寸偏离最大实体尺寸时，其偏离量可补偿给形位误差，允许的形位误差等于尺寸偏离量。

d．被测要素的提取组成要素的局部尺寸不得超出最小实体尺寸。

如图 2.110 所示，表示轴遵循包容要求。

检测时，尺寸公差不仅限制了要素的实际尺寸，还控制了要素的形位误差。因此，轴的合格条件如下。

实际尺寸：$\phi 29.967\text{mm} \leqslant d_a \leqslant \phi 30\text{mm}$。

直线度误差：当 $d_a = \phi 30\text{mm}$ 时，$f=0$；当 $d_a = \phi 29.999\text{mm}$ 时，$f \leqslant \phi 0.001\text{mm}$；当 $d_a = \phi 29.967\text{mm}$ 时，$f \leqslant \phi 0.033\text{mm}$。

③ 包容要求的应用。包容要求主要应用于机器零件上配合性质要求较严格的配合表面，如回转轴颈和滑动轴承、滑动轴套和孔、滑块和滑块槽等的配合表面。

2）最大实体要求。

① 最大实体要求的定义。最大实体要求是控制被测要素的实际轮廓处于最大实体实效边界之内的一种公差要求。被测要素的几何公差值是在该要素处于最大实体状态时给定的，当被测要素的实际轮廓偏离其最大实体状态，即其实际尺寸偏离最大实体尺寸时，允许其形位误差超出给定几何公差值，而超出量由尺寸公差来补偿。此时，应在图样上标注Ⓜ，如图 2.111 所示。

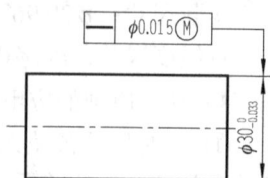

图 2.111　最大实体要求标注

② 最大实体要求的特点。

a．被测要素遵循最大实体实效边界，即要素的体外作用尺寸不得超出最大实体实效尺寸。

b．当被测要素处于最大实体状态时，允许的形位误差为图样上给定的几何公差值。

c. 当被测要素的实际尺寸偏离最大实体尺寸时，其偏离量可补偿给形位误差，允许的形位误差为给定几何公差值与尺寸偏离量之和。

d. 当被测要素处于最小实体状态时，允许的形位误差达到最大值，等于给定几何公差与尺寸公差之和。

e. 被测要素的实际尺寸必须介于最大实体尺寸与最小实体尺寸之间。

如图 2.111 所示，表示轴遵循最大实体要求。轴的合格条件如下。

实际尺寸：$\phi 29.967\text{mm} \leqslant d_a \leqslant \phi 30\text{mm}$。

直线度误差：当 $d_a = \phi 30\text{mm}$ 时，$f \leqslant \phi 0.015\text{mm}$；当 $d_a = \phi 29.999\text{mm}$ 时，$f \leqslant \phi(0.015+0.001)\text{mm} = \phi 0.016\text{mm}$；当 $d_a = \phi 29.967\text{mm}$ 时，$f \leqslant \phi(0.015+0.033)\text{mm} = \phi 0.048\text{mm}$。

③ 最大实体要求应用。最大实体要求与包容要求相比，实际要素的几何公差可不分割尺寸公差，因而在相同尺寸公差的前提下，采用最大实体要求的实际尺寸精度更低些；而且尺寸公差可补偿给几何公差，允许的最大形位误差等于图样给定的几何公差与尺寸公差之和。因此，最大实体要求可获得较大的尺寸制造公差和形位制造公差，具有更良好的工艺性和经济性。

最大实体要求主要用于要求保证可装配性的场合。实际应用时，最大实体要求一方面可用于零件尺寸精度和形位精度较低、配合性质要求不严的场合；另一方面可用于要求保证自由装配的场合。

例如，对于盖板、箱体及法兰盘上孔系的位置度等，采用最大实体要求时，可极大地满足其可装配性，提高零件的合格率，降低成本。

应注意的是，最大实体要求只适用于导出要素。对于平面、直线等组成要素，由于不存在尺寸公差对几何公差的补偿问题，因而不具备应用条件。

3）最小实体要求。

① 最小实体要求定义。最小实体要求是控制被测要素的实际轮廓处于最小实体实效边界之内的一种公差要求。被测要素的几何公差值是在该要素处于最小实体状态时给定的，当被测要素的实际轮廓偏离其最小实体状态，即其实际尺寸偏离最小实体尺寸时，允许其形位误差超出给定几何公差值，而超出量由尺寸公差来补偿。此时，应在图样上标注Ⓛ，如图 2.112 所示。

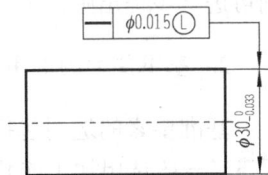

② 最小实体要求的特点。

图 2.112 最小实体要求标注

a. 被测要素遵循最小实体实效边界，即要素的体内作用尺寸不得超出最小实体实效尺寸。

b. 当被测要素处于最小实体状态时，允许的形位误差为图样上给定的几何公差值。

c. 当被测要素的实际尺寸偏离最小实体尺寸时，其偏离量可补偿给形位误差，允许的形位误差为给定几何公差值与尺寸偏离量之和。

d. 当被测要素处于最大实体状态时，允许的形位误差达到最大值，等于给定几何公差与尺寸公差之和。

e. 被测要素的实际尺寸必须介于最小实体尺寸与最大实体尺寸之间。

如图 2.112 所示,表示轴遵循最小实体要求。轴的合格条件如下。

实际尺寸: $\phi 29.967\text{mm} \leqslant d_a \leqslant \phi 30\text{mm}$。

直线度误差: 当 $d_a = \phi 29.967\text{mm}$ 时,$f \leqslant \phi 0.015\text{mm}$;当 $d_a = \phi 29.999\text{mm}$ 时,$f \leqslant \phi(0.015+0.032)\text{mm} = \phi 0.047\text{mm}$;当 $d_a = \phi 30\text{mm}$ 时,$f \leqslant \phi(0.015+0.033)\text{mm} = \phi 0.048\text{mm}$。

③ 最小实体要求的应用。最小实体要求主要用于保证零件强度和最小壁厚。由于最小实体要求的被测要素不得超过最小实体实效边界,因而应用最小实体要求可以保证零件的强度和最小壁厚。如图 2.112 所示,轴 $\phi 300_{-0.033}^{\ 0}$ mm 的直线度公差采用最小实体要求,保证了轴的最小直径不小于 $\phi 29.967\text{mm}$,以满足其强度要求。另外,当轴的实际尺寸偏离最小实体状态时,其形位误差的允许值增大,可扩大形位误差的合格范围,获得良好的经济效益。

2.1.8 几何公差的选用

几何公差的选用包括几何公差项目、基准要素和几何公差值的选用。

1. 几何公差项目的选用

几何公差项目的选用主要根据要素的几何形状特征和功能要求,还要考虑检测方便和经济性等因素。

例如,与滚动轴承配合的轴和外壳孔的圆柱表面,要求其配合良好、间隙或过盈均匀,一般选用圆柱度公差。与滚动轴承端面相接触的轴肩或外壳孔肩,为使滚动轴承安装不歪斜,又便于检测,可选用轴向圆跳动公差来控制其肩面在测量圆周上对基准轴线的垂直度误差。又如与基准轴线有同轴度要求的圆柱面,为了检测方便,可选用径向圆跳动公差来控制其同轴度误差和圆度误差;如果对配合圆柱面有更高的形状精度要求,则可进一步提出圆柱度公差。

2. 基准要素的选用

基准要素的选用包括基准部位、基准数量和基准顺序的选用。在满足功能要求的前提下,一般选用加工或装配中的定位表面作为基准,力求使设计和工艺基准重合。如对有双支轴承轴颈的轴,常以两轴颈轴线组成的公共基准轴线作为该零件的基准。

图 2.113 所示的减速器的轴承盖,用 4 个螺钉把它紧固在箱体上。轴承盖上 4 个孔 $\phi 11\text{H}12$ 的位置只要求满足可装配性,故 4 个孔位置度公差可采用最大实体要求。

首先以端面 A 与箱体贴合,其次才以 $\phi 100\text{f}9$ 的轴线 B 定位,故 4 个孔位置度公差以端面 A 为第一基准,轴线 B 为第二基准,且最大实体要求同时应用于基准 B,以便当基准 B 体外作用尺寸偏离最大实体尺寸时,允许基准 B 的位置略有浮动而更有利于轴承的可装配性。为保证轴承盖与箱体孔的配合性质,$\phi 100\text{f}9$ 轴线对基准 A 的垂直度公差采用 $\phi 0.5 \text{Ⓜ}$。

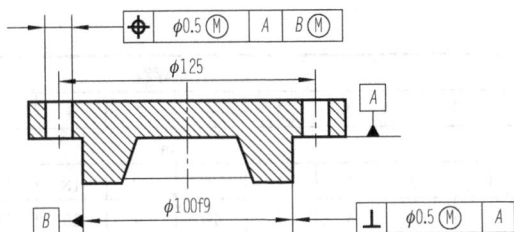

图 2.113　轴承盖

3.　几何公差值的选用

设计产品时,应该按国家标准提供的统一数系选择公差值。国家标准规定的几何公差值应按主参数和公差等级选用,见表 2.2～表 2.6。几何公差一般分为 12 个公差等级,从 1 级至 12 级,1 级为最高级,但圆度、圆柱度增加 1 个 0 级,为最高级。直线度、平行度等以 6 级为基本级,圆度、同轴度等以 7 级为基本级。所谓基本级就是比较普遍使用的公差等级,高于基本级的公差等级属高精度;低于基本级的公差等级属低精度。

表 2.2　直线度、平面度公差值

主参数 L/mm	公差等级											
	1	2	3	4	5	6	7	8	9	10	11	12
	μm											
≤10	0.2	0.4	0.8	1.2	2	3	5	8	12	20	30	60
>10～16	0.25	0.5	1	1.5	2.5	4	6	10	15	25	40	80
>16～25	0.3	0.6	1.2	2	3	5	8	12	20	30	50	100
>25～40	0.4	0.8	1.5	2.5	4	6	10	15	25	40	60	120
>40～63	0.5	1	2	3	5	8	12	20	30	50	80	150
>63～100	0.6	1.2	2.5	4	6	10	15	25	40	60	100	200
>100～160	0.8	1.5	3	5	8	12	20	30	50	80	120	250
>160～250	1	2	4	6	10	15	25	40	60	100	150	300
>250～400	1.2	2.5	5	8	12	20	30	50	80	120	200	400
>400～600	1.5	3	6	10	15	25	40	60	100	150	250	500

表 2.3　圆度、圆柱度公差值

主参数 d (D) /mm	公差等级											
	1	2	3	4	5	6	7	8	9	10	11	12
	μm											
≤3	0.1	0.2	0.3	0.5	1.2	2	3	4	6	10	14	25
>3～6	0.1	0.2	0.4	0.6	1.5	2.5	4	5	8	12	18	30
>6～10	0.12	0.25	0.4	0.6	1.5	2.5	4	6	9	15	22	36
>10～18	0.15	0.25	0.5	0.8	2	3	5	8	11	18	27	43
>18～30	0.2	0.3	0.6	1	2.5	4	6	9	13	21	33	52
>30～50	0.25	0.4	0.6	1	2.5	4	7	11	16	25	39	62
>50～80	0.3	0.5	0.8	1.2	3	5	8	13	19	27	46	74
>80～120	0.4	0.6	1	1.5	4	6	10	15	22	33	54	87

主参数 d (D) /mm	公差等级											
	1	2	3	4	5	6	7	8	9	10	11	12
	μm											
>120~180	0.6	1	1.2	2	5	8	12	18	25	39	63	100
>180~250	0.8	1.2	2	3	7	10	14	20	29	46	72	115
>250~315	1	1.6	2.5	4	8	12	16	23	32	52	81	130
>315~400	1.2	2	3	5	9	13	18	25	36	57	89	140
>400~500	1.5	2.5	4	6	10	15	20	27	40	63	97	155

表 2.4　平行度、垂直度、倾斜度公差值

主参数 L、d (D) /mm	公差等级											
	1	2	3	4	5	6	7	8	9	10	11	12
	μm											
≤10	0.4	0.8	1.5	3	5	8	12	20	30	50	80	120
>10~16	0.5	1	2	4	6	10	15	25	40	60	100	150
>16~25	0.6	1.2	2.5	5	8	12	20	30	50	80	120	200
>25~40	0.8	1.5	3	6	10	15	25	40	60	100	150	250
>40~63	1	2	4	8	12	20	30	50	80	120	200	300
>63~100	1.2	2.5	5	10	15	25	40	60	100	150	250	400
>100~160	1.5	3	6	12	20	30	50	80	120	200	300	500
>160~250	2	4	8	15	25	40	60	100	150	250	400	600
>250~400	2.5	5	10	20	30	50	80	120	200	300	500	800
>400~600	3	6	12	25	40	60	100	150	250	400	600	1000

表 2.5　同轴度、对称度、圆跳动和全跳动公差值

主参数 d (D)、B、L/mm	公差等级											
	1	2	3	4	5	6	7	8	9	10	11	12
	μm											
≤10	0.4	0.8	1.5	3	5	8	12	20	30	50	80	120
>10~16	0.5	1	2	4	6	10	15	25	40	60	100	150
>16~25	0.6	1.2	2.5	5	8	12	20	30	50	80	120	200
>25~40	0.8	1.5	3	6	10	15	25	40	60	100	150	250
>40~63	1	2	4	8	12	20	30	50	80	120	200	300
>63~100	1.2	2.5	5	10	15	25	40	60	100	150	250	400
>100~160	1.5	3	6	12	20	30	50	80	120	200	300	500
>160~250	2	4	8	15	25	40	60	100	150	250	400	600
>250~400	2.5	5	10	20	30	50	80	120	200	300	500	800
>400~600	3	6	12	25	40	60	100	150	250	400	600	1000

表 2.6　位置公差值系数

1	1.2	1.5	2	2.5	3	4	5	6	8
1×10^n	1.2×10^n	1.5×10^n	2×10^n	2.5×10^n	3×10^n	4×10^n	5×10^n	6×10^n	8×10^n

几何公差等级的选用原则与尺寸公差等级的选择原则相同，即在满足零件功能要求的前提下，尽量选用低的公差等级。选择方法一般采用类比法。

确定几何公差时应注意以下问题。

1）协调好尺寸公差、形状公差、位置公差与表面粗糙度之间的 3 种关系：一是形状公差和位置公差的关系，通常在同一要素上给定的形状公差值应小于位置公差值，如要求平行的两个面，其平面度公差值应小于平行度公差值；二是尺寸公差与几何公差的关系，一般情况下圆柱形零件的形状公差值（轴线的直线度除外）应小于其尺寸公差值，平行度公差值应小于其相应的尺寸公差值；三是形状公差与表面粗糙度的关系，一般来说，表面粗糙度数值小的表面，其形状公差值也小。

2）在满足功能要求的前提下，根据零件结构特点和加工难易程度，对下列情况几何公差等级可适当降低 1~2 级选用：孔相对于轴；细长比（轴长/轴径）较大的轴或孔；距离较大的轴或孔；宽度较大（一般大于 1/2 长度）的零件表面；线对线和线对面相对于面对面的平行度；线对线和线对面相对于面对面的垂直度。

3）考虑配合要求时几何公差值的选取。有配合要求的要素采用包容要求，根据功能要求及工艺条件，其形状公差带通常按尺寸公差的百分比选取。应当注意：形状公差带占尺寸公差的百分比过小，会对工艺装备的精度要求过高；而占尺寸公差的百分比过大，则会给保证尺寸本身的精度带来困难。通常对一般零件的形状公差，如圆度公差带可取尺寸公差的 50%。国家标准规定的圆度、圆柱度公差的 0~12 级所形成的公差带约占 0~12 级尺寸公差的 50%（即某级的圆度、圆柱度公差值为同级的尺寸公差值的 1/4）。这并不意味着尺寸公差等级为 IT2 的零件，必须给定公差等级为 2 级的圆度或圆柱度公差值，而是应根据零件的功能要求，在临近的范围内选定合适的形状公差值。

任务实施

2.1.9 根据要求选择几何公差

1. 曲轴零件几何公差分析

已知一曲轴零件，如图 2.114 所示，试分析并设计其几何公差。

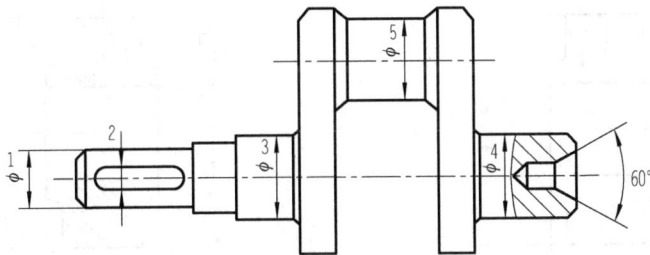

图 2.114 曲轴零件图

曲轴类零件的主要作用为将电动机的输入转动输出到曲轴上，带动曲轴上的连杆做往复直线运动。要求如下。

1）轴 1 作为输入轴应该为基准。

2）轴 1 上的键槽 2 应该有对称度要求。

3）轴 3、轴 4 安装轴承，需要有径向圆跳动要求，相对于左端中心孔与右端 60°锥孔。

4）轴 5 上需要安装连杆，有圆柱度要求。

5）轴 5 要求回转平稳，其轴线要求与输入轴线平行。

其具体标注如图 2.115 所示。

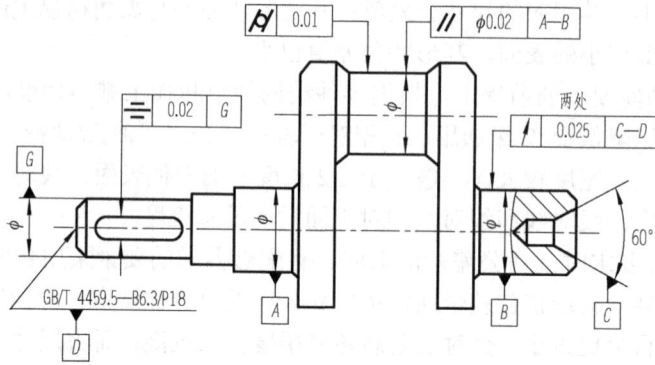

图 2.115　曲轴零件几何公差标注

2. 轴套零件几何公差分析

已知一曲轴零件，如图 2.116 所示，试分析并设计其几何公差。要求如下。

1）内孔轴线为基准。

2）外圆柱面圆度有要求。

3）外圆柱面径向圆跳动有要求。

4）左右端面平行度有要求。

其具体标注如图 2.117 所示。

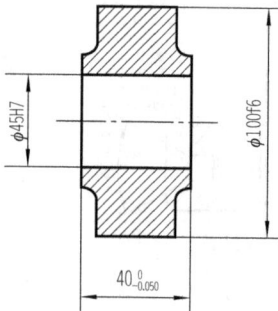

图 2.116　轴套零件图

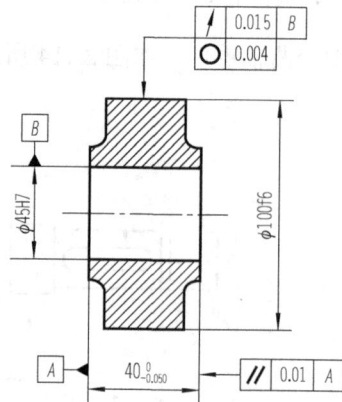

图 2.117　轴套零件几何公差标注

2.1.10　盘类零件标注

已知一法兰盘零件，如图 2.118 所示，试分析、设计并标注其几何公差。要求如下。

1）端面平面度公差要求。

2）左右端面平行度公差要求。

3）中心轴线对端面垂直度要求。

4）外圆柱面对中心轴线径向圆跳动要求。

5）均布孔的位置度要求。

其位置度标注如图 2.119 所示，其中Ⓟ表示延伸部分，延伸部分用双点划线画出，在延伸部分尺寸前和公差数值后应分别加注符号Ⓟ。其余部分的公差要求，根据所学知识进行标注练习。

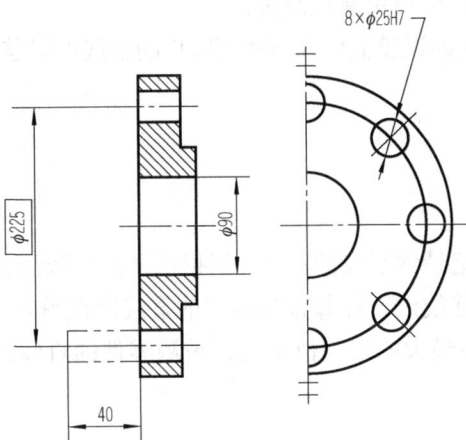

图 2.118　法兰盘零件图　　　　　图 2.119　法兰盘零件几何公差标注

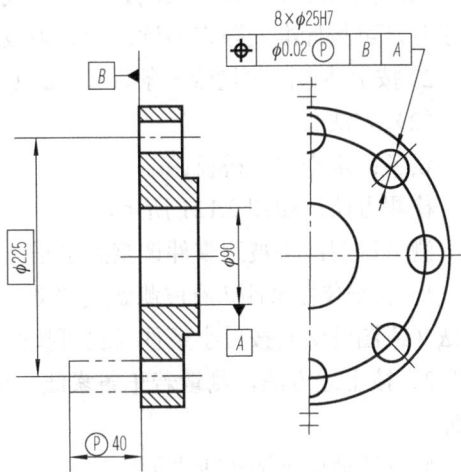

任务 2.2　盘类零件精度检测

任务目标

1．掌握盘类零件精度检测的工具和方法；

2．能够对零件的几何误差进行检测、判定、分析。

任务资讯

2.2.1　形状公差检测

1．直线度检测

（1）方法一

设备：平尺（或刀口尺）、塞尺（厚薄规）。

微课：形状公差检测

检测方法：如图 2.120 所示。

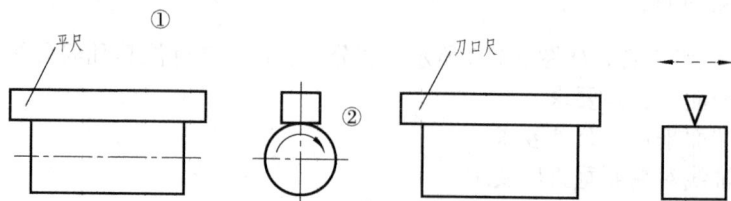

图 2.120　直线度检测 1

测量说明：

1）将平尺（或刀口尺）与被测素线直接接触，并使两者之间的最大间隙为最小，此时的最大间隙即为该条被测素线的直线度误差，误差的大小应根据光隙测定。当光隙较小时，可按标准光隙来估读；当光隙较大时，则可用塞尺测量。

2）按上述方法测量若干条素线，取其中最大的误差值作为该被测零件的直线度误差。

（2）方法二

设备：水平仪、桥板。

检测方法：如图 2.121 所示。

测量说明：将被测零件调整到水平位置。

1）水平仪按节距 l 沿被测素线移动，同时记录水平仪的读数；根据记录的读数用计算法（或图解法）按最小条件（也可按两端点连线法）计算该条素线的直线度误差。

2）按上述方法，测量若干条素线，取其中最大的误差值作为该被测零件的直线度误差。

此方法适用于测量较大的零件。

2. 平面度检测

（1）方法一

设备：平板、带指示计的测量架、固定和可调支承。

检测方法：如图 2.122 所示。

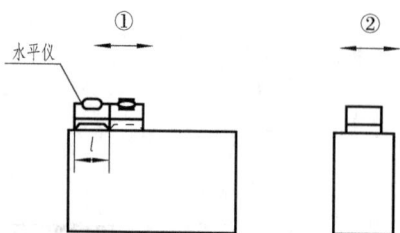

图 2.121　直线度检测 2

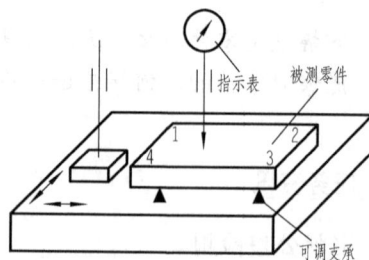

图 2.122　平面度检测 1

测量说明：将被测零件支承在平板上，调整被测表面最远三点，使其与平板等高。按一定的布点测量被测表面，同时记录示值。一般可用指示计最大与最小示值的差值近似地作为平面度误差。必要时，可根据记录的示值用计算法（或图解法）按最小条件计算平面度误差。

（2）方法二

设备：平晶。

检测方法：如图 2.123 所示。

测量说明：平晶贴在被测表面上，观察干涉条纹。被测表面的平面度误差为封闭的干涉条纹数乘以光波波长的一半；对不封闭的干涉条纹，为条纹的弯曲度与相邻两条纹间距之比再乘以光波波长的一半。

此方法适用于测量高精度的小平面。

3. 圆度检测

（1）方法一

设备：圆度仪（或类似量仪）。

检测方法：如图 2.124 所示。

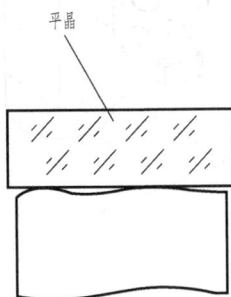

图 2.123 平面度检测 2

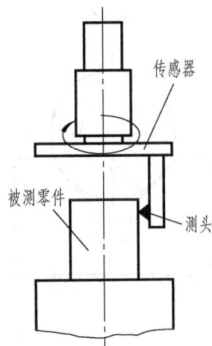

图 2.124 圆度检测 1

测量说明：将被测零件放置在量仪上，同时调整被测零件的轴线，使它与量仪的回（旋）转轴线同轴。

1）记录被测零件在回转一周过程中测量截面上各点的半径差。由极坐标图（或用电子计算机）按最小条件［也可按最小二乘圆中心或最小外接圆中心（只适用于外表面）或最大内接圆中心（只适用于内表面）］计算该截面的圆度误差。

2）按上述方法测量若干截面，取其中最大的误差值作为该零件的圆度误差。

（2）方法二

设备：平板、带指示计的测量架、V 形块、固定和可调支承。

检测方法：如图 2.125 所示。

测量说明：将被测零件放在 V 形块上，使其轴线垂直于测量截面，同时固定轴向位置。

1）在被测零件回转一周过程中，指示计示值的最大差值与反映系数 K 之商，作为单个截面的圆度误差。

2）按上述方法测量若干个截面，取其中最大的误差值作为该零件的圆度误差。

此方法测量结果的可靠性取决于截面形状误差和 V 形块夹角的综合效果。常以夹角 α =90°和 120°或 72°和 108°两块 V 形块分别测量。

此方法适用于测量内外表面的奇数棱形状误差。使用时可以转动被测零件，也可转动量具。

4．圆柱度检测

（1）方法一

设备：配备电子计算机的三坐标测量装置。

检测方法：如图 2.126 所示。

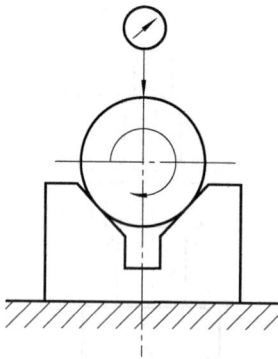

图 2.125　圆度检测 2

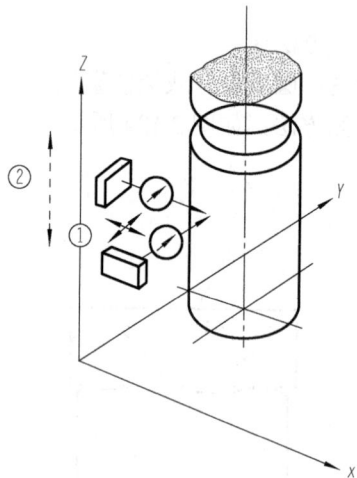

图 2.126　圆柱度检测 1

测量说明：把被测零件放置在测量装置上，并将其轴线调整到与 Z 轴平行。

1）在被测表面的横截面上测取若干点的坐标值。

2）按需要测量若干个横截面。

由电子计算机根据最小条件确定该零件的圆柱度误差。

（2）方法二

设备：平板、直角座、带指示针的测量架。

检测方法：如图 2.127 所示。

测量说明：将被测零件放在平板上，并紧靠直角座。

1）在被测零件回转一周过程中，测量一个横截面上的最大与最小示值。

2）按上述方法测量若干横截面，然后取各截面内所测得的所有示值中最大与最小示值差之半作为该零件的圆柱度误差。

此方法适用于测量外表面的偶数棱形状误差。

5. 线轮廓度检测

（1）方法一

设备：轮廓样板。

检测方法：如图 2.128 所示。

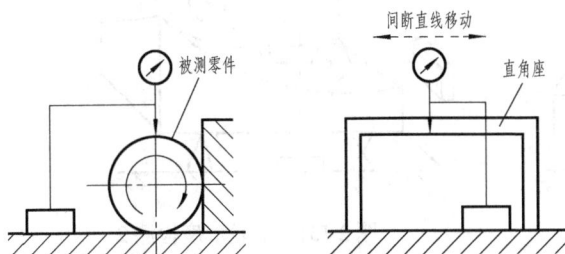

图 2.127　圆柱度检测 2　　　　图 2.128　线轮廓度检测 1

测量说明：将轮廓样板按规定的方向放置在被测零件上，根据光隙法估读间隙的大小，取最大间隙作为该零件的线轮廓度误差。

（2）方法二

设备：固定和可调支承、坐标测量装置。

检测方法：如图 2.129 所示。

测量说明：

1）测量被测轮廓上各点的坐标，同时记录其示值并绘出实际轮廓图形。

2）用等距的线轮廓区域包容实际轮廓，取包容宽度作为该零件的线轮廓度误差。也可用计算法计算误差。

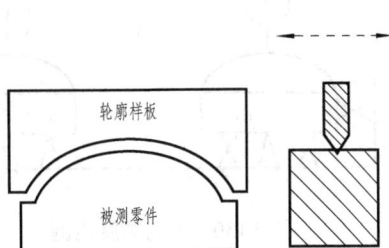

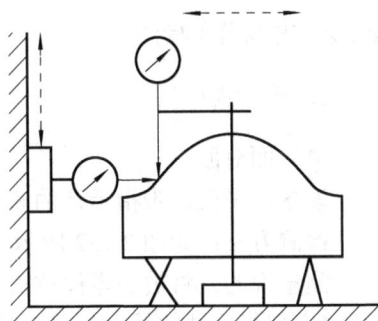

图 2.129　线轮廓度检测 2

6. 面轮廓度检测

（1）方法一

设备：仿形测量装置、固定和可调支承、轮廓样板。

检测方法：如图 2.130 所示。

测量说明：

1）调整被测零件相对于仿形测量装置和轮廓样板的位置，再将指示器调零。

2）仿形测头在轮廓样板上移动，由指示计读取示值，取其中最大示值的两倍作为该零件的面轮廓度误差。必要时将各数值换算成理想轮廓相应点的法线方向上的数值后评定误差。

（2）方法二

设备：三坐标测量装置、固定和可调支承。

检测方法：如图 2.131 所示。

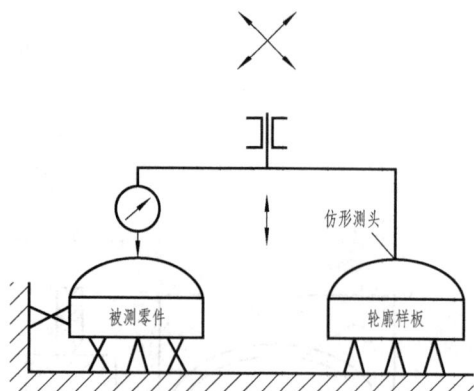

图 2.130 面轮廓度检测 1

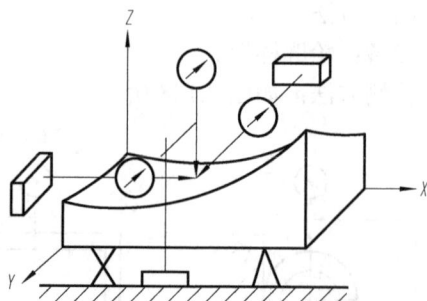

图 2.131 面轮廓度检测 2

测量说明：

1）将被测零件放置在仪器工作台上，并进行正确定位。

2）测出若干个点的坐标值，并将测得的坐标值与理论轮廓的坐标值进行比较，取其中差值最大的绝对值的两倍作为该零件的面轮廓度误差。

2.2.2 方向公差检测

1. 平行度检测

（1）面对面

设备：平板、带指示计的测量架。

检测方法：如图 2.132 所示。

微课：方向公差检测

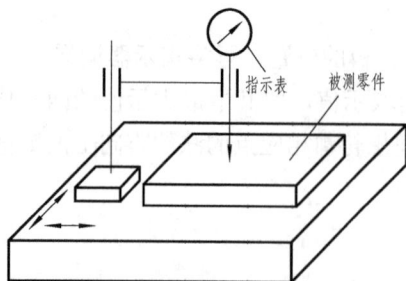

测量说明：将被测零件放置在平板上；在整个被测表面上按规定测量线进行测量。

1）取指示计的最大与最小示值之差作为该零件的平行度误差。

2）取各条测量线上任意给定 l 长度内指示计的最大与最小示值之差，作为该零件的平行度误差。

（2）线对面

设备：平板、带指示计的测量架、心轴。

检测方法：如图 2.133 所示。

图 2.132 面对面平行度检测

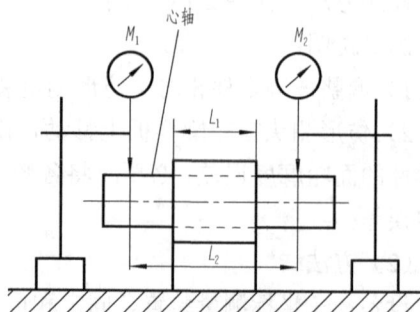

图 2.133 线对面平行度检测

测量说明：将被测零件直接放置在平板上，被测轴线由心轴模拟。在测量距离为 L_2 的两个位置上测得的示值分别为 M_1 和 M_2。

平行度误差：

$$f = \frac{L_1}{L_2}\left|M_1 - M_2\right|$$

式中，L_1 为被测轴线的长度。

测量时应选用可胀式（或与孔成无间隙配合的）心轴。

（3）面对线

设备：平板、等高支承、心轴、带指示计的测量架。

检测方法：如图 2.134 所示。

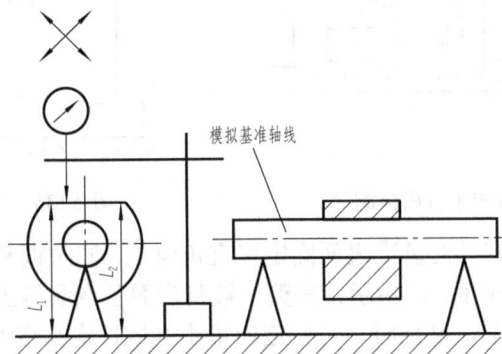

图 2.134 面对线平行度检测

测量说明：基准轴线由心轴模拟。

1）将被测零件放在等高支撑上，调整（转动）该零件使 $L_1 = L_2$。然后测量整个被测表面并记录示值。

2）取整个测量过程中指示计的最大与最小示值之差作为该零件的平行度误差。必要时，可按定向最小区域评定平行度误差。

测量时，应选用可胀式（或与孔成无间隙配合的）心轴。

（4）线对线

设备：平板、等高支承、心轴、带指示计的测量架。

检测方法：如图 2.135 所示。

测量说明：基准轴线和被测轴线均由心轴模拟。将被测零件放在等高支承上，在测量距离为 L_2 的两个位置上测得的数值分别为 M_1 和 M_2。

平行度误差：

$$f = \frac{L_1}{L_2}\left|M_1 - M_2\right|$$

式中，L_1 为被测轴线的长度。

当被测零件在互相垂直的两个方向上给定公差要求时，则可按上述方法在两个方向上分别测量。

测量时，应选用可胀式（或与孔成无间隙配合的）心轴。

2. 垂直度检测

（1）面对面

设备：平板、直角座、带指示计的测量架。

检测方法：如图 2.136 所示。

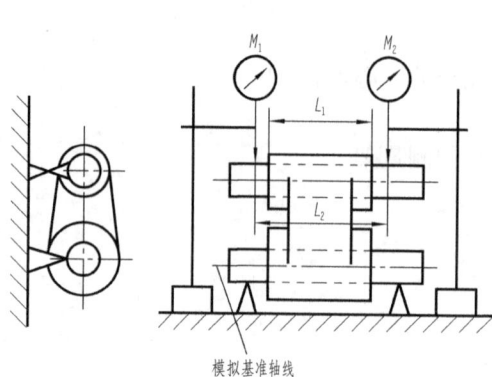

图 2.135　线对线平行度检测

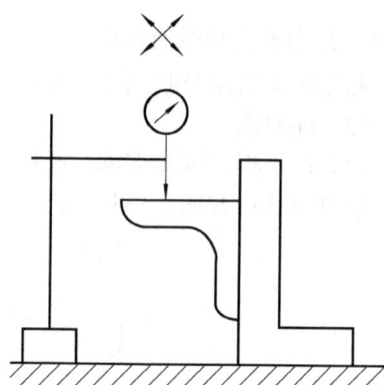

图 2.136　面对面垂直度检测

测量说明：将被测零件的基准表面固定在直角座上，同时调整靠近基准的被测表面的指示计示值之差为最小值，取指示计在整个被测表面各点测得的最大与最小示值之差作为该零件的垂直度误差，必要时，可按定向最小区域评定垂直度误差。

（2）面对线

设备：平板、导向块、固定支承、带指示计的测量架。

检测方法：如图 2.137 所示。

测量说明：将被测零件放置在导向块内（基准轴线由导向块模拟），然后测量整个被测表面，并记录示值。取最大示值误差作为该零件的垂直度误差。

（3）线对面

设备：转台、直角座、带指示计的测量架。

检测方法：如图 2.138 所示。

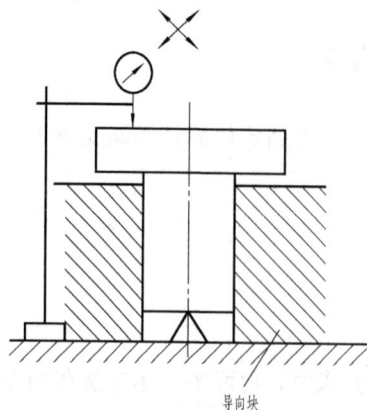

图 2.137　面对线垂直度检测

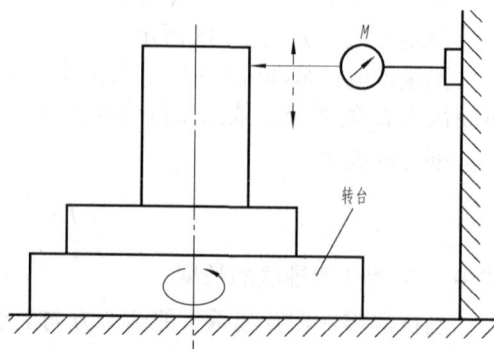

图 2.138　线对面垂直度检测

测量说明：将被测零件放置在转台上，并使被测表面的轴线与转台对中（通常在被测表面的较低位置对中）。

按需要，测量若干个轴向截面轮廓上各点的半径差，并记录在同一坐标图上，用图解法求解垂直度误差。也可近似地按下式计算：

$$f = \frac{1}{2}(M_{max} - M_{min})$$

式中，M_{max}、M_{min} 分别为测量截面内指示计最大与最小示值。

从各截面内测得的差值中最大者作为零件的垂直度误差。

（4）线对线

设备：平板、直角尺、心轴、固定和可调支撑、带指示计的测量架。

检测方法：如图 2.139 所示。

测量说明：基准轴线和被测轴线由心轴模拟。调整基准心轴，使其与平板垂直。在测量距离为 L_2 的两个位置上测得的数值分别为 M_1 和 M_2。

垂直度误差：

$$f = \frac{L_1}{L_2}|M_1 - M_2|$$

测量时，应选用可胀式（或与孔成无间隙配合的）心轴。

3. 倾斜度检测

（1）面对面

设备：平板、定角座、固定支承、带指示计的测量架。

检测方法：如图 2.140 所示。

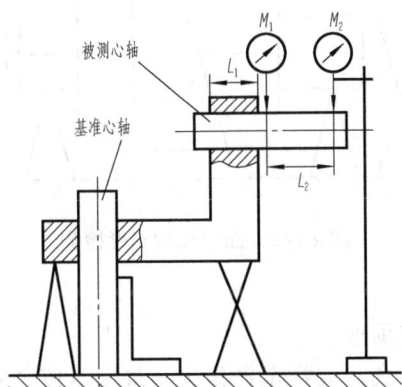

图 2.139 线对线垂直度检测   图 2.140 面对面倾斜度检测

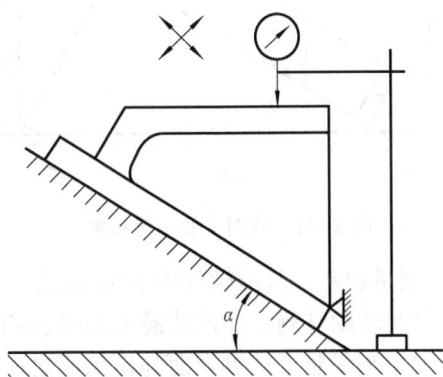

测量说明：将被测零件放置在定角座上。

1）调整被测件，使指示计在整个被测表面的示值差为最小值。

2）取指示计的最大与最小示值之差作为该零件的倾斜度误差。

定角座可用正弦规（或精密转台）代替。

（2）线对面

设备：平板、直角座、定角垫块、固定支承、心轴、带指示计的测量架。

检测方法：如图 2.141 所示。

测量说明：被测轴线由心轴模拟。

1）调整被测零件，使指示计示值 M_1 为最大（距离最小）。

2）在测量距离为 L_2 的两个位置上测得示值分别为 M_1 和 M_2。

倾斜度误差：

$$f = \frac{L_1}{L_2}|M_1 - M_2|$$

测量时应选用可胀式（或与孔成无间隙配合的）心轴，若选用 L_2 等于 L_1，则示值差值即为该零件的倾斜度误差。

定角垫块可由正弦规（或精密转台）代替。

（3）面对线

设备：平板、定角座、等高支承、心轴、带指示计的测量架。

检测方法：如图 2.142 所示。

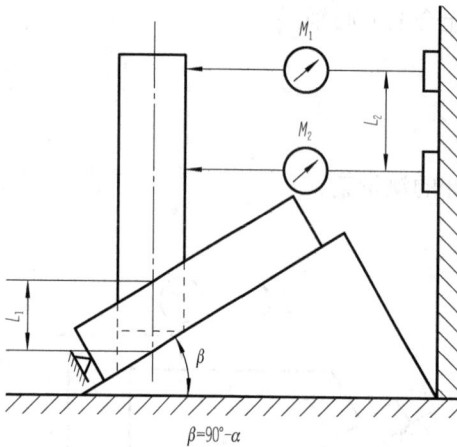

图 2.141　线对面倾斜度检测

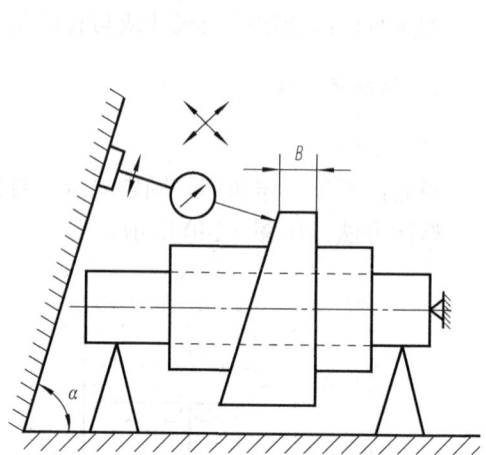

图 2.142　面对线倾斜度检测

测量说明：基准轴线由心轴模拟。

1）转动被测零件使其最小长度 B 的位置处在顶部。

2）测量整个被测表面与定角座之间各点的距离，取指示计最大与最小示值之差作为该零件的倾斜度误差。

测量时，应选用可胀式（或与孔成无间隙配合的）心轴。

（4）线对线

设备：平板、定角座、心轴、带指示计的测量架。

检测方法：如图 2.143 所示。

图 2.143 线对线倾斜度检测

测量说明：使心轴平行于测量装置导向座定角 α 所在平面。在测量距离为 L_2 的两个位置上测得的示值分别为 M_1 和 M_2。

倾斜度误差：

$$f = \frac{L_1}{L_2}|M_1 - M_2|$$

测量时应选用可胀式（或与孔成无间隙配合的）心轴。

2.2.3 位置公差检测

1. 位置度检测

位置度误差的检测有两种方法：一种是采用测量坐标的方法，测出轴线的实际位置尺寸与理论正确尺寸比较；另一种方法是用综合量规来检验被测要素合格与否。

设备：综合量规。

检测方法：如图 2.144 所示。

微课：位置公差检测

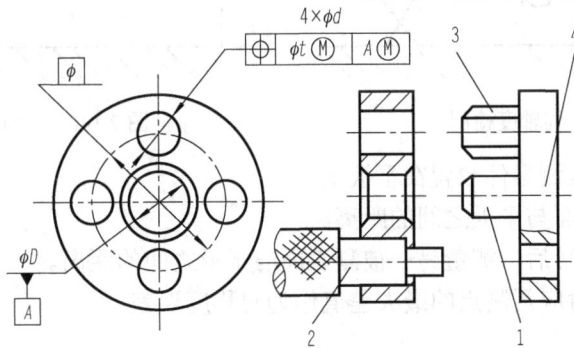

1—基准销；2—活动销；3—固定销；4—量规体。

图 2.144 位置度检测

测量说明：量规应通过被测零件，并与被测零件的基准面相接触。量规销的直径为被测孔的实效尺寸，量规各销的位置与被测孔的理想位置相同。对于小型薄板零件，可用投影仪测量位置度误差，其原理与综合量规相同。

2. 同轴度检测

设备：径向变动测量装置。

检测方法：如图 2.145 所示。

测量说明：

1）调整基准要素使其提取中心线与测量装置同轴，并使被测零件的端面垂直于回转轴线。

2）在同一张记录纸上记录基准和被测要素的轮廓。

3）由轮廓图形用最小区域法求各自的圆心，取两圆心距离的两倍值作为该零件的同轴度误差。

4）根据功能要求，也可对记录的图形，用最大内接圆中心（内表面），或用最小外接圆中心（外表面）法求出各自的圆心，取这两圆心距离的两倍值作为该零件的同轴度误差。

3. 对称度检测

（1）方法一

设备：平板、带指示计的测量架。

检测方法：如图 2.146 所示。

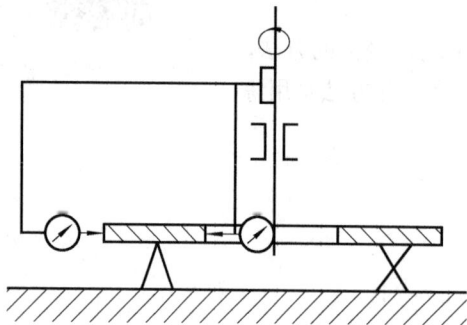

图 2.145　同轴度检测

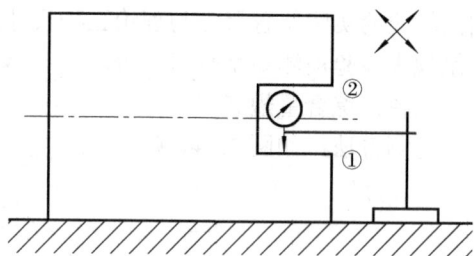

图 2.146　对称度检测 1

测量说明：将被测零件放置在平板上。

1）测量被测表面与平板之间的距离。

2）将被测件翻转后，测量另一被测表面与平板之间的距离。

取测量截面内对应两测点的最大差值作为对称度误差。

（2）方法二

设备：综合量规。

检测方法：如图 2.147 所示。

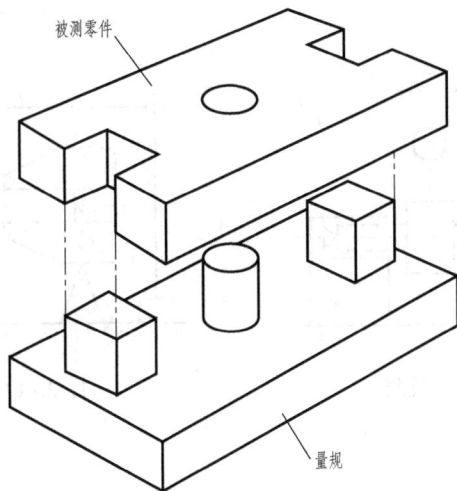

图 2.147　对称度检测 2

测量说明：量规应通过被测零件。量规的两个定位块的宽度为基准槽的最大实体尺寸，量规销的直径为被测孔的实效尺寸。

2.2.4　跳动公差检测

1. 圆跳动检测

设备：平板、V 形架、带指示计的测量架。

检测方法：如图 2.148 所示。

测量说明：基准轴线由 V 形架模拟，被测零件支撑在 V 形架上，并在轴向定位。

1）在被测零件回转一周过程中指示计示值最大差值即为单个测量平面上的径向圆跳动。

2）按上述方法测量若干个截面，取各截面上测得的跳动量中的最大值，作为该零件的径向圆跳动。

该测量方法受 V 形架角度和基准要素形状误差的综合影响。

2. 全跳动检测

设备：一对同轴导向套筒、平板、支撑、带指示计的测量架。

检测方法：如图 2.149 所示。

测量说明：将被测零件固定在两同轴导向套筒内，同时在轴向上固定并调整该对套筒，使其同轴并与平板平行。

1）在被测件连续回转过程中，同时让指示计沿基准轴线的方向做直线运动。

2）在整个测量过程中指示计示值最大差值即为该零件的径向全跳动。

基准轴线也可以用一对 V 形块或一对顶尖的简单方法来体现。

微课：跳动公差检测

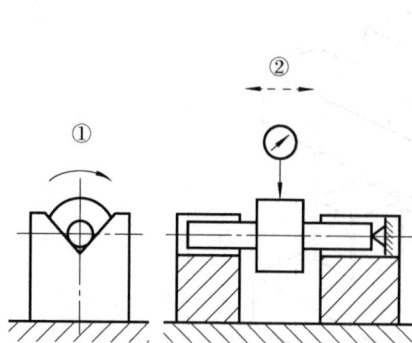

图 2.148　圆跳动检测

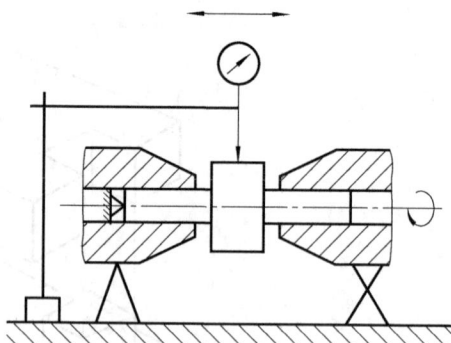

图 2.149　全跳动检测

任务实施

2.2.5　盘类零件检验规程制定

盘类零件是机械加工中常见的典型零件之一。它的应用范围很广,如支承传动轴的各种形式的轴承、夹具上的导向套、气缸套等。盘类零件通常起支承和导向作用。不同的盘类零件也有很多的相同点,如主要表面基本上是圆柱形的,它们有较高的尺寸精度、形状精度和表面粗糙度要求,而且有高同轴度要求等诸多共同之处。

其尺寸精度的检测参看 1.5.1 节,本任务主要介绍几何精度的测量。

盘类零件的几何公差检验应该按照平行度、同轴度、垂直度、圆度、圆柱度、平面度、位置度等逐项选择测量工具进行检验,具体见表 2.7。

表 2.7　盘类零件的几何精度检验规程

检验规程卡		产品型号				零件图号			
		产品名称				零件名称			
检验号	检验内容	测量方法	测量工具	测量值 1	测量值 2	测量结果	合格/不合格	加工后可用性	备注
10	平行度								
20	同轴度								
30	垂直度								
40	圆度								
50	圆柱度								
60	平面度								
70	位置度								
检验姓名				检验日期			年　月　日		

2.2.6　检具的使用

各种几何精度检验用的工具使用参看 2.2.2 节~2.2.5 节。

2.2.7　盘类零件检测

此处以圆度仪检测圆度误差为例说明盘类零件的几何精度检测。

1. 圆度仪的测量原理和测头形状的选择

用一个精密回转轴系统上一个动点（测量装置的测头）所产生的理想圆与被测轮廓进行比较，就可求得圆度误差值。这种具有精密回转轴系统测量圆度误差的仪器称为圆度仪。

（1）圆度仪的测量原理

圆度仪有两种基本形式：一种是转轴式（或称传感器旋转式）圆度仪，如图2.150（a）所示；另一种是转台式（或称工作台旋转式）圆度仪，如图2.150（b）所示。转轴式圆度仪主轴垂直地安装在头架上，主轴的下端安装一个可以径向调节的传感器，用同步电动机驱动主轴旋转，这样就使安装在主轴下端的传感器测头形成一个接近于理想圆的轨迹。被测件安装在中心可作精确调整的微动定心台上，利用电感放大器的对中表可以相对精确地找正主轴中心。测量时传感器测头与被测件截面的侧表面接触，被测件截面实际轮廓引起的径向尺寸的变化由传感器转化成电信号，通过放大器、滤波器输入极坐标记录器。将零件被测截面实际轮廓在半径方向上的变化量加以放大，画在记录纸上。用刻有同心圆的透明样板或采用作图法可评定出圆度误差或用计算机直接显示测量结果。对转轴式圆度仪，由于主轴工作时不受被测件重量的影响，因而比较容易保证较高的主轴回转精度。

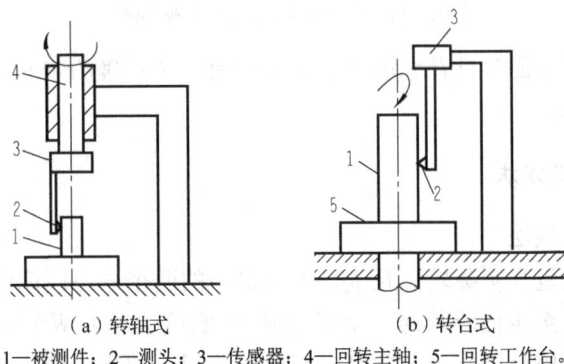

（a）转轴式　　　　　（b）转台式
1—被测件；2—测头；3—传感器；4—回转主轴；5—回转工作台。

图 2.150　圆度仪的基本形式

转台式圆度仪在测量时，被测件安置在回转工作台上，随回转工作台一起转动。传感器在支架上固定不动。传感器感受的被测件轮廓的变化经放大器放大并作相应的信号处理，被送到记录器记录或计算机显示结果。转台式圆度仪具有能使测头很方便地调整到被测件任意截面位置进行测量的优点，但受回转工作台承载能力的限制，只适用于测量小型零件的圆度误差。

（2）测头形状的选择

测头形状有针形测头、球形测头、圆柱形测头和斧形测头。对于较小的工件，其材料硬度较低，可用圆柱形测头。若材料硬度较低并要求排除表面粗糙度的影响，则可用斧形测头。

2. 圆度仪记录图形放大倍率的选择

使用圆度仪时要注意记录图形放大倍率的选择。圆度仪的放大倍率是指零件轮廓径向误差的放大比率，即记录笔位移量与测头位移量之比。在选取放大倍率时，通常使记录的轮廓图形占记录纸记录环宽度的 1/3～1/2。

圆度仪的记录图形是以被测件的实际轮廓为依据的，将实际轮廓与理想圆的半径差按高倍数放大，而半径尺寸则按低倍数放大，即记录图上半径差与半径尺寸值的放大倍率不同，如果半径差与半径尺寸按同一倍率放大，则需要极大的一张记录纸来描绘其轮廓图形。

由于上述原因，记录的轮廓图形在形状特征上与实际轮廓有较大差别。如图 2.151 所示，一个五棱形的实际轮廓在选用 3 种不同的放大倍率的情况下，呈现出 3 种不同形状特征的记录轮廓图。

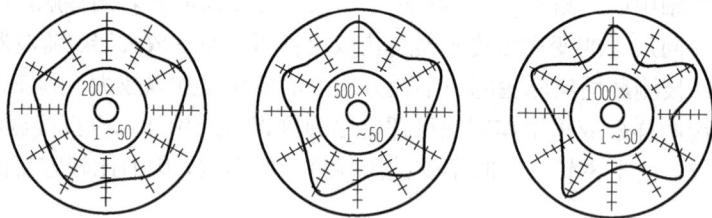

图 2.151　3 种不同的放大倍率曲线

对记录图形所代表的零件截面的形状特征要有一个正确的判断，不要因一些被夸张了的情况而产生误解。

3. 圆度误差评定方法

（1）最小包容区域法

最小包容区域是包容实际轮廓且半径差为最小的两个同心圆间的区域。两同心圆与被测要素内外相间，至少四点接触（交叉准则）。圆度误差为两个同心圆半径之差。如果轮廓误差曲线已被描绘出来，通常可应用透明的同心圆模板试凑包容轮廓误差曲线。

（2）最小外接圆法

最小外接圆法以包容实际轮廓且半径为最小的外接圆作为评定基准，以实际轮廓上各点至该圆圆心的最大半径差作为圆度误差，适用于检测外圆柱面。

（3）最大内切圆法

最大内切圆法以内切于实际轮廓且半径为最大的内切圆作为评定基准，以实际轮廓上各点至该圆圆心的最大半径差作为圆度误差，适用于检测内圆柱面。

（4）最小二乘圆法

最小二乘圆法以被测实际轮廓的最小二乘圆作为理想圆，其最小二乘圆圆心至轮廓

的最大距离 R_{max} 与最小距离 R_{min} 之差即为圆度误差。

2.2.8　检测报告填写

填写检测报告，见表 2.8。

表 2.8　检测报告（用圆度仪检测圆度误差）

被测量名称						圆度公差					
计量器具	名称					分度值					
测点/（°）	0	30	60	90	120	150	180	210	240	270	300	330
读数/μm												
测量记录曲线												
f_0				合格判断								
姓名		班级		学号		审核			成绩			

2.2.9　误差分析

在测量过程中，由于计量器具本身的误差、测量条件的限制等因素的存在，测量结果会与真值不一致，存在测量误差。因此需要对测量误差产生的原因进行分析，并进行简单处理。常见的分析有系统误差、随机误差和粗大误差。

项 目 评 价

本项目的考核标准见表 2.9。本次考核在该课程考核成绩中的比例为 20%。

表 2.9　考核标准

序号	工作过程	主要内容	建议考核方式	评分标准	配分
1	资讯	任务相关知识查找	教师评价 50%相互评价 50%	通过资讯查找相关知识学习，按任务知识能力掌握情况进行评分	20
2	决策计划	确定方案编写计划	教师评价 80%相互评价 20%	根据整体设计方案及采用方法的合理性进行评分	20
3	实施	方法正确工艺合理工序制定	教师评价 20%自己评价 30%相互评价 50%	根据标注的合理性及规程制定的合理性、量具使用的规范性进行评分	30
4	任务总结报告	记录实施过程步骤	教师评价 100%	根据标注、检测的任务分析、实施、总结过程记录情况进行评分	10
5	职业素养团队合作	工作积极主动性组织协调与合作	教师评价 30%自己评价 20%相互评价 50%	根据工作积极主动性及相互协作情况进行评分	20

项 目 小 结

1．几何公差项目及相关概念。

2．形状公差带形状及标注方法，方向公差带形状及标注方法，位置公差带形状及标注方法，跳动公差带形状及标注方法。

3．公差原则、几何公差与尺寸公差的关系；独立原则与相关要求，相关要求包括包容要求、最大实体要求、最小实体要求、可逆要求等。

4．几何公差的选用，包括几何公差项目、基准要素、几何公差值等。

5．各种几何公差项目的检测，检测工具、测量方法、数据处理等。

6．各种几何公差的检测步骤，检验规程的制定，结果的评价，误差的分析。

通过本项目学习，学生应该熟练掌握几何公差的国家标准，能够应用国家标准进行几何公差的选择、标注等；同时应该能够使用检具对圆度、平行度、同轴度、跳动等几何公差进行测量，并判断合格性，给出误差分析。

🪶 练习与提高

1．几何公差研究的对象是什么？什么是理想要素、实际要素、被测要素和基准要素？

2．几何公差带由哪些要素组成？几何公差带的形状有哪些？

3．什么是形状误差和形状公差？

4．什么是位置误差和位置公差？

5．什么是独立原则？独立原则应用于哪些场合？

6．什么是包容要求？为什么说包容要求多用于配合性质要求比较严的场合？

7．什么是最大实体要求？最大实体要求应用于哪些场合？采用最大实体要求的优点是什么？

8．试将下列技术要求标注在图 2.152 上。

1）ϕ100h6 圆柱表面的圆度公差为 0.005mm。

2）ϕ100h6 轴线对 ϕ40P7 孔轴线的同轴度公差为 ϕ0.015mm。

3）ϕ40P7 孔的圆柱度公差为 0.005mm。

4）左端的凸台平面对 ϕ40P7 孔轴线的垂直度公差为 0.01mm。

5）右凸台端面对左凸台端面的平行度公差为 0.02mm。

9．试将下列技术要求标注在图 2.153 上。

1）圆锥面的圆度公差为 0.01mm，圆锥素线直线度公差为 0.02mm。

2）圆锥轴线对 ϕd_1 和 ϕd_2 两圆柱面公共轴线的同轴度公差为 0.05mm。

3）端面 I 对 ϕd_1 和 ϕd_2 两圆柱面公共轴线的端面跳动公差为 0.03mm。

4）ϕd_1 和 ϕd_2 圆柱面的圆柱度公差为 0.008mm 和 0.006mm。

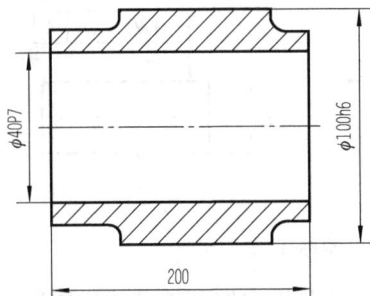

图 2.152　零件图 1

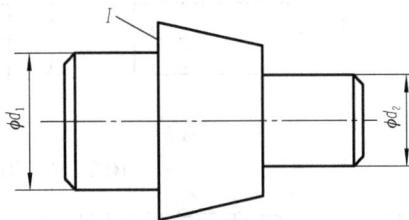

图 2.153　零件图 2

10．试将下列技术要求标注在图 2.154 上。

1）圆锥面 a 的圆度公差为 0.1mm。

2）圆锥面 a 对孔轴线 b 的斜向圆跳动公差为 0.02mm。

3）基准孔轴线 b 的直线度公差为 0.005mm。

4）孔表面 c 的圆柱度公差为 0.01mm。

5）端面 d 对基准孔轴线 b 的轴向圆跳动公差为 0.01mm。

6）端面 e 对端面 d 的平行度公差为 0.03mm。

11．将下列几何公差要求标注在图 2.155 上。

1）左端面的平面度公差为 0.01mm。

2）右端面对左端面的平行度公差为 0.04mm。

3）$\phi 70H7$ 孔的轴线对左端面的垂直度公差为 $\phi 0.02$mm。

4）$\phi 210h7$ 圆柱面对 $\phi 70H7$ 孔的轴线的径向圆跳动公差为 0.03mm。

5）$4 \times \phi 20H8$ 孔轴线对左端面和 $\phi 70H7$ 孔的位置度公差为 0.15mm。

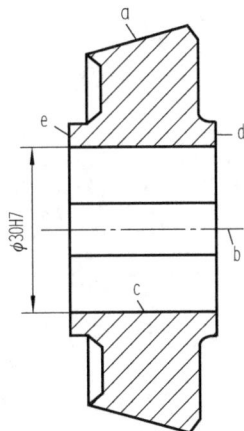

图 2.154　零件图 3

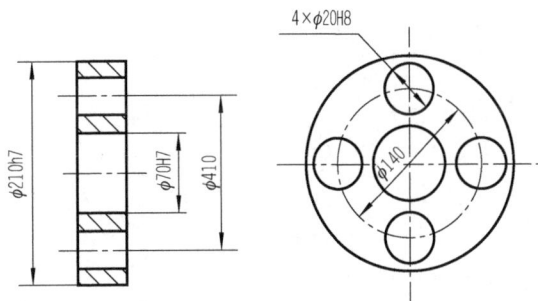

图 2.155　零件图 4

12．图 2.156 所示为销轴的 3 种几何公差标注，它们的公差带有何不同？

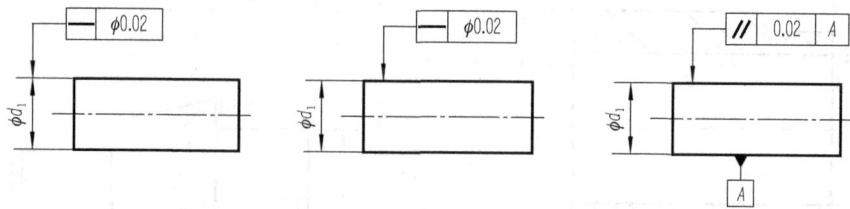

图 2.156　销轴的 3 种几何公差标注

13．图 2.157 所示的零件标注的位置公差不同，试分析它们所控制的位置误差有何区别。

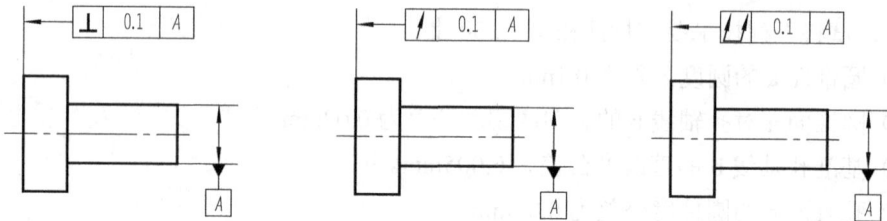

图 2.157　零件图 5

项目3 零件的表面粗糙度标注与精度检测

项目描述

根据表面粗糙度的概念、评定基准及评定参数、表面粗糙度符号的意义等，完成零件表面粗糙度的标注。

根据比较法和仪器法进行表面粗糙度的检测，完成箱体类零件表面粗糙度的检验规程的制定及检测方法的学习，判断其合格性。

任务 3.1 零件的表面粗糙度标注

任务目标

1. 掌握表面粗糙度的概念、评定基准及评定参数；
2. 能够正确选用和标注机械零件的表面粗糙度等。

任务资讯

3.1.1 表面粗糙度概述

现行的表面粗糙度国家标准由《产品几何技术规范（GPS） 表面结构 轮廓法 术语、定义及表面结构参数》（GB/T 3505—2009）、《产品几何技术规范（GPS）表面结构 轮廓法 表面粗糙度参数及其数值》（GB/T 1031—2009）及《产品几何技术规范（GPS）技术产品文件中表面结构的表示法》（GB/T 131—2006）等标准构成。

1. 表面粗糙度的概念

在切削加工过程中，由于刀具与零件表面之间的摩擦、切屑分离时的塑性变形及工艺系统的高频振动等因素的影响，被加工零件的表面总会存在具有较小间距的峰、谷组成的微量高低不平的痕迹。表述加工表面峰、谷的高低程度和间距状况的微观几何形状特性的指标，称为表面粗糙度。

表面粗糙度反映的是零件实际表面的微观几何形状误差的特征。表面形状误差反映的是零件实际要素的宏观几何形状误差。介于以上两者之间的则是表面波纹度。这三者通常按波距的大小来划分，也可按波距与波高之比来划分。一般波距小于 1mm 的属于表面粗糙度，波距在 1～10mm 的属于表面波纹度，波距大于 10mm 的属于表面形状误差。

表面粗糙度值越小，实际表面就越光滑。

2. 表面粗糙度对零件使用性能的影响

表面粗糙度直接影响机械零件的使用性能，尤其对在高温、高速、高压条件下工作的零件影响更大。表面粗糙度对零件使用性能的影响主要有以下几个方面。

（1）对摩擦和磨损的影响

具有微观几何形状误差的两个表面只能在峰顶发生接触，有效接触面积很小，导致单位面积压力增大。若表面间有相对运动，则峰顶间的接触作用就会对运动产生摩擦阻力，并使零件产生磨损。一般来讲，实际表面越粗糙，摩擦系数就越大，相互运动的表面磨损就越快。

但必须指出，表面越光滑，相互运动表面的磨损量并不一定就越小。因为磨损量除受表面粗糙度影响外，还与被磨损下来的金属微粒的刻划及润滑油被挤出等因素有关。

（2）对配合性质的影响

表面粗糙度会影响配合性质的可靠性和稳定性。对间隙配合，会因表面微观形状的峰尖在工作过程中很快磨损而使间隙增大；对过盈配合，由于零件表面凹凸不平，相互配合的零件经压装后，表面的峰顶会被挤平，致使实际过盈小于理论过盈量，从而降低了连接强度。

（3）对疲劳强度的影响

零件表面越粗糙，对应力集中越敏感，疲劳强度就降低；尤其在交变应力的作用下，零件更可能发生疲劳损坏。

（4）对接触刚性的影响

表面越粗糙，两表面间的实际接触面积就越小，单位面积受力就越大，在外力作用下容易产生接触变形，接触刚度降低，从而影响机器的工作精度和抗振性。

（5）对耐腐蚀性能的影响

粗糙的表面容易使腐蚀性物质附着于零件表面的微观凹谷处，且向零件表层渗透，加剧零件表面的锈蚀。因此，提高零件表面粗糙度质量，可以增强其抗腐蚀能力。

此外，表面粗糙度对零件结合面的密封性能、流体阻力、外观质量和表面涂层质量等都有一定的影响。

3.1.2　表面粗糙度评定的基准与参数

轮廓单元是指实际轮廓上一个轮廓峰和其相邻的一个轮廓谷的组合。在一个轮廓单元上，轮廓最高点与中线的距离称为轮廓峰高，轮廓最低点与中线的距离称为轮廓谷深；而轮廓单元高度即为轮廓峰高与谷深之和，轮廓单元宽度即为中线被轮廓单元截交而得的线段长度。

在测量和评定表面粗糙度时，首先要确定评定基准和评定参数。

1. 表面粗糙度的评定基准

为了客观地评定表面粗糙度，首先要确定测量和评定的长度范围和方向，即评定基准。评定基准主要包括取样长度、评定长度和基准线。除特别指明外，通常应采用横向实际轮廓,即采用垂直于加工纹理方向的平面与实际表面相交所得的轮廓线来进行表面粗糙度评定。

(1)取样长度 *lr*

取样长度 *lr* 是用于判别具有表面粗糙度特征的一段基准线长度。在取样长度 *lr* 范围内,一般应包括 5 个以上轮廓峰和轮廓谷,如图 3.1 所示。为了限制和减弱几何误差,特别是表面波纹度对表面粗糙度测量结果的影响,使测量结果能较好地反映表面粗糙度的实际情况,就必须规定一个合理的取样长度。国家标准规定,应按表面粗糙度数值选取相应的取样长度,见表 3.1。

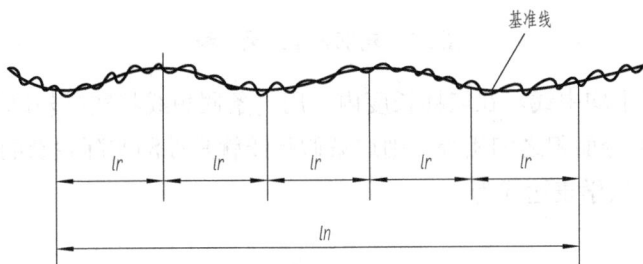

图 3.1 取样长度 *lr* 与评定长度 *ln*

表 3.1 取样长度 *lr* 与评定长度 *ln* 推荐值

Ra/μm	Rz/μm	lr/mm	ln/mm (ln=5lr)
≥0.008～0.02	≥0.025～0.10	0.08	0.4
>0.02～0.1	>0.10～0.50	0.25	1.25
>0.1～2.0	>0.50～10.0	0.8	4.0
>2.0～10.0	>10.0～50.0	2.5	12.5
>10.0～80.0	>50.0～320	8.0	40.0

(2)评定长度 *ln*

评定长度 *ln* 是指评定轮廓表面粗糙度所必需的一段长度。如图 3.1 所示,由于零件表面质量的不均匀性,在单一取样长度上往往不能充分合理地反映整个表面的粗糙度特性。为了全面客观地反映被测表面的表面粗糙度,需要在表面上取几个连续的取样长度,测量后取其平均值作为测量结果。国家标准推荐 *ln*=5*lr*。评定长度的具体数值应按表面粗糙度的评定参数值对应选取,见表 3.1。

(3)基准线

用以评定表面粗糙度参数大小所规定的一条参考线,称为基准线。它可用数学方法或其他方法获得,在表面粗糙度评定中十分重要。国家标准规定,以轮廓中线 *m* 作为评定表面粗糙度参数值大小的基准线。该基准线具有几何轮廓形状并划分实际轮廓,在整个取样长度内与实际轮廓走向一致。基准线有以下两种。

1)轮廓最小二乘中线。在取样长度内,使轮廓线上各点至一条假想线距离的平方和为最小,则这条假想线称为被测实际轮廓的最小二乘中线,如图 3.2 所示。其数学表达式为

$$\int_0^{lr} z^2 \mathrm{d}x = \min$$

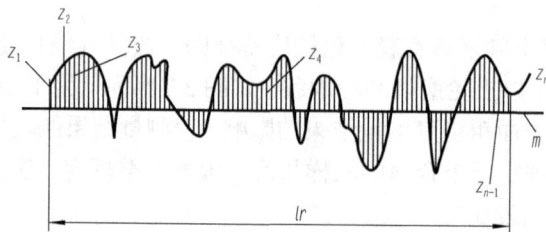

图 3.2　轮廓最小二乘中线

2）轮廓算术平均中线。在取样长度内，用一条假想线将实际轮廓划分成上下两部分，并使上下两部分面积之和相等，则这条假想线就是被测实际轮廓的算术平均中线，如图 3.3 所示。其数学表达式为

$$\sum_{i=1}^n F_i = \sum_{i=1}^m F_i'$$

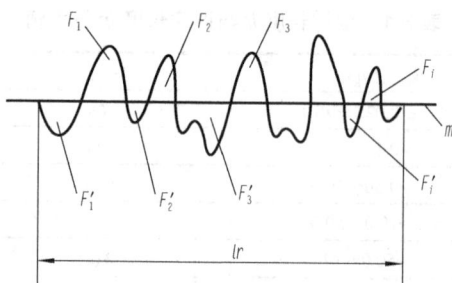

图 3.3　轮廓算数平均中线

从理论上讲，最小二乘中线是唯一的、理想的基准线；但要在零件表面的实际轮廓上确定最小二乘中线的位置往往比较困难，而算术平均中线与最小二乘中线的差别很小，它通常可用目测估定，应用较为方便。因此标准规定，可用轮廓算术平均中线近似地代替最小二乘中线作为基准线。但当轮廓很不规则时，算术平均中线并不是唯一的基准线。

2. 表面粗糙度的评定主参数

表面粗糙度的评定参数有轮廓算术平均偏差 Ra、轮廓最大高度 Rz 和轮廓单元平均高度 Rc 等，它们均与轮廓的高度特性有关，为主要评定参数。此外根据表面功能的需要，标准还规定了附加评定参数，如与间距特性有关的轮廓单元平均宽度 Rsm 和与形状特性有关的轮廓支承长度率 $Rmr(c)$ 等，需要时可查阅有关标准。

（1）轮廓算术平均偏差 Ra

轮廓算术平均偏差是指在取样长度内被测轮廓上各点至基准线距离绝对值的算术平均值，如图 3.4 所示。其数学表达式为

$$Ra = \frac{1}{lr}\int_0^{lr}|Z(x)|\mathrm{d}x \approx \frac{1}{n}\sum_{i=1}^{n}|Z_i|$$

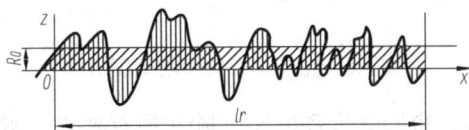

图 3.4　轮廓算术平均偏差 Ra

Ra 能够客观地反映零件实际表面微观的不平程度。测得的 Ra 值越大，则表面越粗糙，并且 Ra 值可用电动轮廓仪方便地测量，因而被国家标准定为首选参数，在生产中广泛采用。

（2）轮廓最大高度 Rz

轮廓最大高度是指在取样长度内，最大轮廓峰高 Zp 和最大轮廓谷深 Zv 之和，如图 3.5 所示。其数学表达式为

$$Rz = Zp + Zv$$

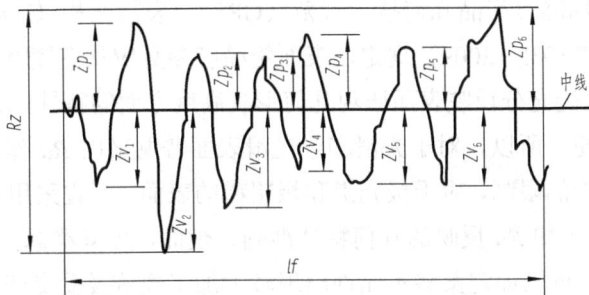

图 3.5　轮廓最大高度 Rz

说明：在 GB/T 3505—1983 中，Rz 是表示"微观不平度+点平均高度"；在 GB/T 3505—2009 中，Rz 表示"轮廓最大高度"。在评定测量时应注意区分。

（3）轮廓单元的平均高度 Rc

轮廓单元的平均高度是指在一个取样长度内，轮廓单元高度 Zt 的平均值，如图 3.6 所示。其数学表达式为

$$Rc = \frac{1}{m}\sum_{i=1}^{m}Zt_i$$

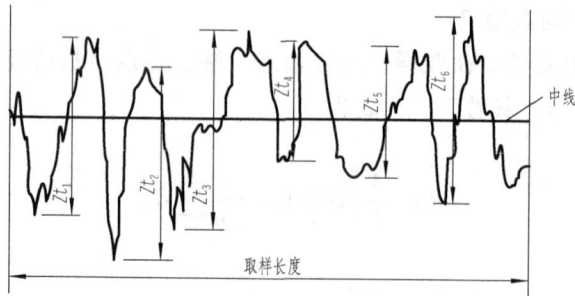

图 3.6 轮廓单元的平均高度 Rc

采用参数 Rc 时，需要辨别高度和间距。除非另有要求，省略标注的高度分辨力按 Rz 的 10%选取，省略标注的间距分辨力应按取样长度的 1%选取，这两个条件都应满足。

3. 表面粗糙度参数的选用

表面粗糙度的选用主要包括评定参数与参数值两个方面，在设计时应合理地进行选用。

零件表面粗糙度对其使用性能有多方面影响，在选择表面粗糙度评定参数时，应充分、合理地反映表面微观几何形状的真实性。

在表面粗糙度的高度、间距和形状 3 类特性评定参数中，最常采用的是高度特性参数。对大多数表面来说，一般仅给出高度特性评定参数即可反映被测表面的表面粗糙度特征。因此，国家标准《产品几何技术规范（GPS） 表面结构 轮廓法 表面粗糙度参数及其数值》（GB/T 1031—2009）规定，表面粗糙度参数应从高度特性参数中选取。

评定参数 Ra 最能充分反映表面微观几何形状高度方面的特性，Ra 值用触针式电动轮廓仪测量也较方便。所以，对于光滑和半光滑表面普遍采用 Ra 作为评定参数。但由于受电动轮廓仪功能的限制，对于极光滑和极粗糙的表面，不宜采用 Ra 作为评定参数。

评定参数 Rz 虽不如 Ra 反映的几何特性准确、全面，但其概念简单，测量也简便。Rz 与 Ra 联合使用，可以评定某些不允许出现较大加工痕迹及受交变应力作用的表面，尤其当被测表面面积很小，不宜采用 Ra 评定时，常选用 Rz 参数，如齿廓表面等。

附加评定参数 Rsm 和 $Rmr(c)$ 只有在高度特性参数不能满足表面功能要求时，才附加选用。如对密封要求高的表面可规定 Rsm；而对耐磨性要求高的表面可规定 $Rmr(c)$。

4. 表面粗糙度参数值的选用

表面粗糙度的参数值已经标准化了。在零件设计时，应按 GB/T 1031—2009 的规定，选取表面粗糙度参数允许值。Ra、Rz 的数值分别见表 3.2 和表 3.3。选用表面粗糙度参数值时，应综合考虑零件的表面功能要求和加工经济性，原则是在满足表面功能要求的前提下，尽可能选取较大的参数允许值。

表 3.2 轮廓算术平均偏差 Ra 的数值 （单位：μm）

Ra	0.012	0.20	3.2	
	0.025	0.40	6.3	50
	0.050	0.80	12.5	100
	0.100	1.60	25	

表 3.3 轮廓最大高度 Rz 的数值 （单位：μm）

Rz	0.025	0.80	25	
	0.050	1.60	50	800
	0.100	3.2	100	1600
	0.20	6.3	200	
	0.40	12.5	400	

由于表面粗糙度与零件的功能关系相当复杂，难以全面而精确地按零件表面功能要求确定粗糙度参数允许值，因此实际应用中，常用类比法来确定。

具体选用时，可首先根据经验统计资料初步选定表面粗糙度参数值，然后对比零件的实际工作条件，包括考虑零件的载荷、润滑、材料、运动方向、速度、温度、成本等的实际要求，依据表面粗糙度参数值选用的原则，作适当调整，选择确定合适的标准参数值。

选用时，主要考虑以下几点。

1）在同一零件上，工作表面的粗糙度值应比非工作表面小。

2）摩擦表面的粗糙度值应比非摩擦表面小；滚动摩擦表面的粗糙度值应比滑动摩擦表面小。

3）运动速度高、承受压力大的表面，以及承受交变载荷的重要零件的圆角、沟槽等表面粗糙度值应该小些。

4）配合性质相同时，小尺寸结合面的粗糙度值应比大尺寸结合面小；公差等级相同时，相同尺寸的轴的粗糙度值应比孔小。

5）配合性质要求越稳定可靠，其配合表面的粗糙度值应越小。例如，在过盈配合中，配合的牢固性、可靠性要求越高，则表面粗糙度值就越小；在间隙配合中，工作时有相对运动的表面，其粗糙度值应比不做相对运动的表面小。

6）表面粗糙度参数值应与尺寸公差和几何公差相协调。表 3.4 中列出了在正常工艺条件下表面粗糙度参数值与尺寸公差及几何公差的对应关系，在实际设计中可参考选定。一般来说，尺寸公差和几何公差小的表面，其粗糙度值也越小。即尺寸公差等级高、几何公差精度高的表面，其表面粗糙度要求越高，粗糙度数值就越小。

表 3.4 表面粗糙度参数值与尺寸公差及几何公差的关系 （单位：%）

几何公差 t 占尺寸公差 T 的百分比 t/T	表面粗糙度参数值占尺寸公差的百分比	
	Ra/T	Rz/T
约 60	≤5	≤20

续表

几何公差 t 占尺寸公差 T 的百分比 t/T	表面粗糙度参数值占尺寸公差的百分比	
	Ra/T	Rz/T
约 40	≤2.5	≤10
约 25	≤1.2	≤5

尺寸公差等级低的表面，其表面粗糙度要求并不一定低。如医疗器械、机床手轮等的表面，对尺寸精度的要求不高，但却要求表面光滑。

7）对防腐性、密封性要求高和外表美观的表面，其表面粗糙度值应较小。

8）对接触刚度及测量精度要求高的表面，其表面粗糙度值应较小。

9）凡有关标准已对表面粗糙度要求作出规定的表面，如与滚动轴承配合的轴颈和外壳孔、键槽、各级精度齿轮的主要工作表面等，应按相应标准中规定的表面粗糙度参数值选用。

表面粗糙度的表面特征、经济的加工方法及应用见表 3.5，表面粗糙度参数 Ra 的推荐选用值见表 3.6，仅供设计时参考。

表 3.5 表面粗糙度的表面特征、经济的加工方法及应用

表面微观特性		$Ra/\mu m$	$Rz/\mu m$	加工方法	应用举例
粗糙表面	可见刀痕	>20～40	>80～160	粗车、粗刨、粗铣、钻、毛锉、锯断	半成品粗加工过的表面，非配合的加工表面，如轴端面、倒角、钻孔、齿轮带轮侧面、键槽底面、垫圈接触面等
	微见刀痕	>10～20	>40～80	车、刨、铣镗、钻、粗铰	
半光表面	微见加工痕迹	>5～10	>20～40	车、刨、铣镗、磨、拉、粗刮、滚压	轴上不安装轴承、齿轮处的非配合表面，紧固件的自由装配表面，轴和孔的退刀槽等
		>2.5～5	>10～20	车、刨、铣镗、磨、拉、刮、压、铣齿	半精加工表面，箱体、支架、盖面、套筒等和其他零件结合而无配合要求的表面，需要发蓝处理的表面等
	看不清加工痕迹	>1.25～2.5	>6.3～10	车、刨、铣镗、磨、拉、刮、压、铣齿	接近于精加工表面，箱体上安装轴承的镗孔表面、齿轮工作面
	可辨加工痕迹方向	>0.63～1.25	>3.2～6.3	车、镗、磨、拉、刮、精铰、磨齿、滚压	圆柱销、圆锥销、与滚动轴承配合的表面，卧式车床导轨面，内外花键定心表面等
	微辨加工痕迹方向	>0.32～0.63	>1.6～3.2	精铰、精镗、磨、刮、滚压	要求配合性质稳定的配合表面、工作时受交变应力的重要零件、较高精度车床的导轨面
	不可辨加工痕迹方向	>0.16～0.32	>0.8～1.6	精磨、珩磨、研磨、超精加工	精密机床主轴锥孔、顶尖圆锥面、发动机曲轴、凸轮轴工作面，高精度齿轮齿面
极光表面	暗光泽面	>0.08～0.16	>0.4～0.8	精磨、研磨、普通抛光	精密机床主轴锥孔、顶尖圆锥面、发动机曲轴、凸轮轴工作面，高精度齿轮齿面
	亮光泽面	>0.04～0.08	>0.2～0.4	超精磨、精抛光、镜面磨削	精密机床主轴径表面、一般量规工作表面、气缸套内表面、活塞销表面等
	镜状光泽面	>0.01～0.04	>0.05～0.2		精密机床主轴径表面，滚动轴承滚珠、高压液压泵中柱塞和柱塞配合的表面
	镜面	≤0.01	≤0.05	镜面磨削、超精研	高精度量仪和量块的工作表面、光学仪器中的金属镜面

表 3.6 表面粗糙度参数 *Ra* 的推荐选用值

应用场合			公称尺寸/mm					
		公差等级	≤50		>50~120		>120~500	
			轴	孔	轴	孔	轴	孔
经常装卸零件的配合表面		IT5	≤0.2	≤0.4	≤0.4	≤0.8	≤0.4	≤0.8
		IT6	≤0.4	≤0.8	≤0.8	≤1.6	≤0.8	≤1.6
		IT7	≤0.8		≤1.6		≤1.6	
		IT8	≤0.8	≤1.6	≤1.6	≤3.2	≤1.6	≤3.2
过盈配合	压入装配	IT5	≤0.2	≤0.4	≤0.4	≤0.8	≤0.4	≤0.8
		IT6~IT7	≤0.4	≤0.8	≤0.8	≤1.6	≤1.6	
		IT8	≤0.8	≤1.6	≤1.6	≤3.2	≤3.2	
	热装	—	≤1.6	≤3.2	≤1.6	≤3.2	≤1.6	≤3.2
滑动轴承的配合表面		公差等级	轴			孔		
		IT6~IT9	≤0.8			≤1.6		
		IT10~IT12	≤1.6			≤3.2		
滑动轴承的配合表面		液体湿摩擦条件	≤0.4			≤0.8		
圆锥结合的工作面			密封结合		对中结合		其他	
			≤0.4		≤1.6		≤6.3	

密封材料处的孔轴表面	密封形式	速度/(m·s⁻¹)		
		≤3	3~5	≥5
	橡胶圈密封	0.8~1.6（抛光）	0.4~0.8（抛光）	0.2~0.4（抛光）
	毛毡密封	0.8~1.6（抛光）		
	迷宫式	3.2~6.3		
	涂油槽式	3.2~6.3		

精密定心零件配合表面	IT5~IT8	径向圆跳动	2.5	4	6	10	16	25
		轴	≤0.05	≤0.1	≤0.2	≤0.2	≤0.4	≤0.8
		孔	≤0.1	≤0.2	≤0.2	≤0.4	≤0.8	≤1.6

V 带和平带轮工作表面	带轮直径/mm		
	≤120	>120~315	>315
	1.6	3.2	6.3

箱体分界面（减速箱）	类型	有垫片	无垫片
	需要密封	3.2~6.3	0.8~1.6
	不需要密封	6.3~12.5	

3.1.3 表面粗糙度的标注

表面粗糙度的评定参数及数值确定后，应按《产品几何技术规范（GPS）技术产品文件中表面结构的表示法》（GB/T 131—2006）的规定，把表面粗糙度的要求正确地标注在零件图上。

1. 表面粗糙度符号及意义

图样上所标注的表面粗糙度符号及其意义见表 3.7。若零件表面仅需要采用去除或不去除材料的方法加工，而对表面粗糙度的其他规定无要求，则允许在图样上只标注表面粗糙度符号。

表 3.7　表面粗糙度符号及其意义

符号	意义及说明
$\sqrt{}$	基本图形符号。仅用于简化代号标注，没有补充说明时不能单独使用
$\bigtriangledown$	扩展图形符号。表示指定表面是用去除材料的方法（如车、铣、磨、刨等机械加工方法）获得的
$\sqrt{}$	扩展图形符号。表示指定表面是用不去除材料的方法（如铸、锻、冲压、轧制等）获得的，或要求保持原供应状况的表面（包括保持上道工序的表面）
$\sqrt{}$ $\bigtriangledown$ $\sqrt{}$	完整图形符号。在以上图形符号的长边上加一横线，用于标注表面结构特征要求的补充信息
$\sqrt{}$ $\bigtriangledown$ $\sqrt{}$	工件封闭轮廓表面的图形符号。在完整图形符号上加一圆圈，表示工件封闭轮廓的各表面均具有相同的表面粗糙度要求

2. 表面粗糙度的标注

（1）表面粗糙度完整图形符号的组成

为了明确表面结构要求，除标注表面结构参数和数值外，必要时应标注补充要求。

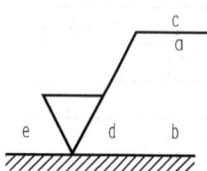

图 3.7　完整表面粗糙度符号及
各项要求的标注位置

补充要求包括传输带、取样长度、加工工艺、表面纹理及方向、加工余量等，用以表示加工后的零件表面所应达到的表面质量，并体现零件在机器设备中的功能特征要求。

国家标准 GB/T 131—2006 中规定，完整表面粗糙度符号及各项要求的标注位置如图 3.7 所示。符号的绘制要求，见标准中的相应规定。

位置 a——标注第一个表面结构要求，包括"传输带或取样长度/粗糙度参数代号、极限值（μm）"。

位置 b——标注第二个表面结构要求或多个要求（这时符号应在垂直方向扩大以使空间足够）；

位置 c——标注加工方法、表面处理等要求（如车、磨、铣或镀等加工表面）；

位置 d——标注表面纹理和纹理的方向（如"＝""X""M"等）；

位置 e——标注加工余量（mm）。

（2）表面粗糙度代号标注示例及含义

图样上给定的表面粗糙度代号是指加工后零件的表面质量要求，一般只注出表面粗糙度评定参数代号及其允许值。GB/T 131—2006 规定，表面粗糙度评定参数代号为大小写、斜体（如 Ra 和 Rz）。国家标准推荐优先采用 Ra，标注时在表面粗糙度参数值前加注"Ra"。若采用 Rz 或 Rc，则应在表面粗糙度参数值前面加注参数代号 Rz 或 Rc。表面粗糙度参数值的单位为微米（μm），标注时不必注明。

表面粗糙度代号的标注示例及其含义见表 3.8。表面纹理的标注、镀（涂）覆或其他表面处理要求的标注等可参阅国家标准的相关规定。

表 3.8　表面粗糙度代号的标注示例及其含义

代号	含义/解释
$\sqrt{Rz\,0.4}$	表示不允许去除材料，单向上限值，默认传输带，R 轮廓，粗糙度的最大高度 0.4μm，评定长度为 5 个取样长度（默认），"16%规则"（默认）
$\sqrt{Rz\,max\,0.2}$	表示去除材料，单向上限值，默认传输带，R 轮廓，粗糙度最大高度的最大值 0.2μm，评定长度为 5 个取样长度（默认），"最大规则"
$\sqrt{0.008\text{-}0.8/Ra\,3.2}$	表示去除材料，单向上限值，传输带 0.008-0.8mm，R 轮廓，算术平均偏差 3.2μm，评定长度为 5 个取样长度（默认），"16%规则"（默认）
$\sqrt{-0.8/Ra3\,3.2}$	表示去除材料，单向上限值，传输带 -0.8μm（GB/T6062），R 轮廓，算术平均偏差 3.2μm，评定长度包含 3 个取样长度，"16%规则"（默认）
$\sqrt{\begin{array}{l} U\,Ra\,max\,3.2 \\ L\,Ra\,0.8 \end{array}}$	表示不允许去除材料，双向极限值，两极限值均使用默认传输带，R 轮廓，评定长度均为 5 个取样长度（默认）。上限值 Ra=3.2μm，"最大规则"；下限值 Ra=0.8μm，"16%规则"
$\sqrt{\begin{array}{l} \text{铣} \\ 0.008\text{-}4Ra\,50 \\ C\,0.008\text{-}4Ra\,6.3 \end{array}}$	表示表面需铣削加工，双向极限值（未加注 U 和 L），两者传输带均为 0.008-4mm；上限值 Ra=50μm，下限值 Ra=6.3μm，均为默认评定长度，"16%规则"（默认）。表面纹理呈近似同心圆且圆心与表面中心相关

（3）表面粗糙度极限值的判断规则及标注

国家标准中，表面粗糙度极限值的判断规则划分为"16%规则"和"最大规则"两种。

16%规则是标注表面粗糙度要求的默认规则。采用 16%规则时，被测表面的所有表面粗糙度实测值中允许有数目少于总数 16%的若干个实测值超出其规定极限值。

当要求表面粗糙度的所有实测值均不得超过规定值时，应采用最大规则。这时应在图样上所标注的表面粗糙度极限数值前加上"max"。

在生产实际中，对于绝大多数零件表面的功能要求，采用 16%规则即能达到。只有当极少数零件表面要求较高时，才需采用最大规则。显然，把表面粗糙度参数值划分成两种极限值，可最大限度地提高产品的合格率，降低废品率。

1）当标注单向极限值时，应默认为参数的上限值。若作为参数的单向下限值标注，这时应在表面粗糙度参数代号前加注"L"。

2）当标注双向极限值时，应加注极限代号。上限值标在上方，并在表面粗糙度参数代号前加注"U"；下限值标在下方，并在表面粗糙度参数代号前加注"L"。

如果同一表面粗糙度参数具有双向极限要求，在不引起歧义的情况下，可以不加注 U、L。

（4）图样中表面粗糙度的注法

1）表面粗糙度要求对每一表面一般只标注一次，并尽可能注在其相应的尺寸及公差的同一视图上。除非另有说明，所标注的表面粗糙度要求均是对完工零件表面的要求。

2）根据国家标准的规定，表面粗糙度标注时，总的原则是使表面粗糙度的标注和读取方向与尺寸的标注和读取方向一致，如图 3.8 所示。

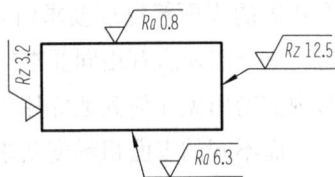

图 3.8　表面粗糙度的标注方向

3）在图样中，表面粗糙度要求可标注在轮廓线上，其符号应从材料外指向并接触表面。必要时，表面粗糙度符号可用带箭头或黑点的指引线引出标注，如图 3.9 和图 3.10 所示。

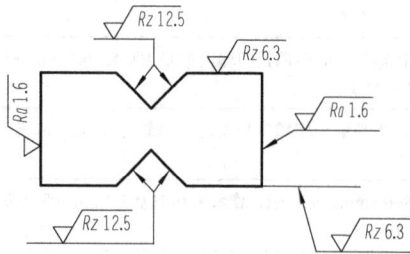

图 3.9　表面粗糙度标注在轮廓或指引线上

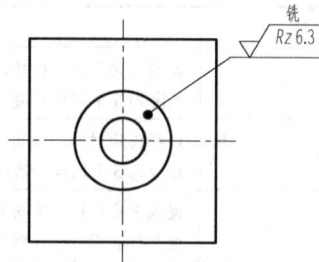

图 3.10　用带黑点的指引线标注表面粗糙度

4）在不致引起误解时，表面粗糙度可以标注在给定的尺寸线上，如图 3.11 所示。表面粗糙度也可标注在几何公差框格的上方，如图 3.12（a）和（b）所示。表面粗糙度还可标注在轮廓线的延长线上或尺寸界线上，如图 3.13 所示。

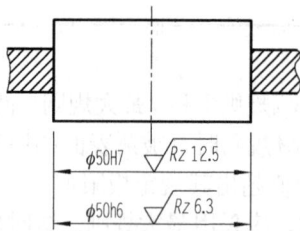

图 3.11　表面粗糙度标注在尺寸线上

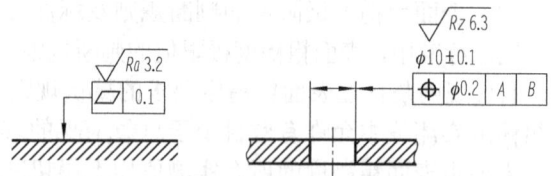

图 3.12　表面粗糙度标注在几何公差框格上方

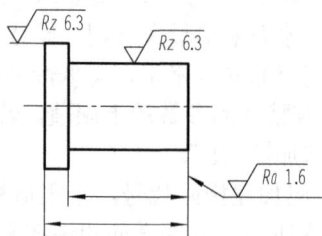

图 3.13　表面粗糙度标注在轮廓延长线上或尺寸界线上

（5）表面粗糙度要求的简化注法

1）大多数表面有相同表面结构要求的简化注法。当工件的多数（包括全部）表面有相同的表面粗糙度要求时，可将其表面粗糙度要求统一简化标注在图样的标题栏附近。除全部表面有相同要求的情况外，此时应在表面粗糙度符号后面带上圆括号，圆括号内需给出无任何其他标注的基本符号，或给出不同的表面粗糙度要求。

而不同的表面粗糙度要求应直接标注在图样中。如图 3.14 所示，在标题栏附近的标注，表示图纸中未注表面的粗糙度数值均为 Ra 3.2μm。

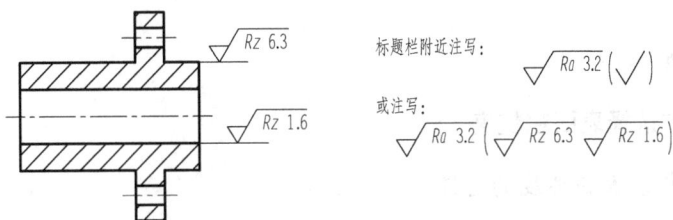

图 3.14　大多数表面有相同表面粗糙度要求的简化注法

2）多个表面有共同要求的简化注法。当多个表面具有相同的表面结构要求或图纸空间有限时，可采用等式的形式进行简化标注。

在图纸空间有限时，可用带字母的完整符号，以等式的形式，在图形或标题栏附近，对有相同表面结构要求的表面进行简化标注，如图 3.15 所示。

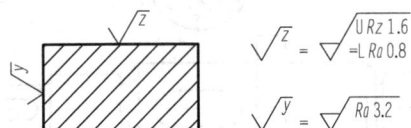

图 3.15　在图纸空间有限时简化注法

此外还可仅用基本图形符号或扩展符号，以等式的形式给出对多个表面共同的表面粗糙度要求，如图 3.16 所示。图 3.16（a）所示为指定工艺方法的多个表面有相同表面粗糙度要求的简化注法；图 3.16（b）所示为要求去除材料的多个表面有相同表面粗糙度要求的简化注法；图 3.16（c）所示为不允许去除材料的多个表面有相同表面粗糙度要求的简化注法。

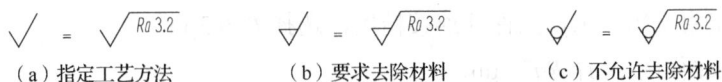

（a）指定工艺方法　　（b）要求去除材料　　（c）不允许去除材料

图 3.16　多个表面有共同粗糙度要求的简化注法

（6）两种或多种工艺获得的同一表面的注法

由两种或多种工艺获得的同一表面，当需要明确每一种工艺方法的表面粗糙度要求时，可按图 3.17 所示进行标注。

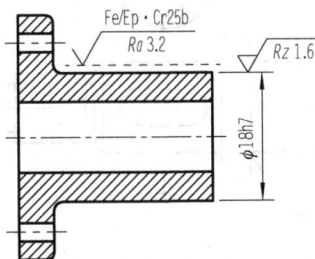

图 3.17　同时给出镀覆前后的表面粗糙度要求的注法

🔧 **任务实施**

3.1.4 根据要求选择表面粗糙度

1. 轴类零件表面粗糙度的选择

在工业产品中，轴类零件主要由车床、数控车床来加工完成。轴类零件是五金配件中经常遇到的典型零件之一，它主要用来支承传动零部件，传递扭矩和承受载荷。参考表 3.5 所给出的表面粗糙度值，对图 3.18 所示零件进行表面粗糙度的标注。

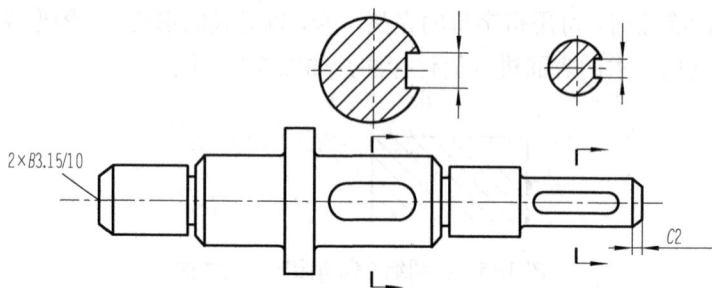

图 3.18　传动轴零件图

分析如下。

1）端面表面粗糙度可以达到 $Ra12.5\mu m$；

2）倒角表面粗糙度选择 $Ra25\mu m$；

3）键槽采用铣削加工，为保证连接精度，选择 $Ra6.3\mu m$。

4）其余表面可以选择 $Ra3.2\mu m$。

传动轴表面粗糙度的标注如图 3.19 所示。

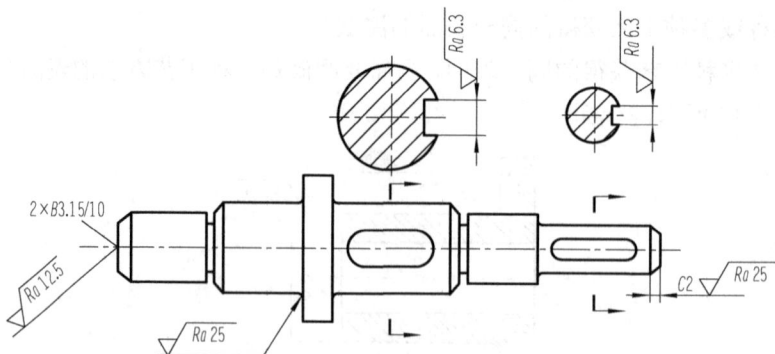

图 3.19　传动轴表面粗糙度的标注

2. 支架类零件表面粗糙度的选择

已知一支架零件，如图 3.20 所示。

试标注如下表面粗糙度。

1）A 面表面粗糙度的上限值为 Ra12.5μm。

2）孔ϕ 表面表面粗糙度的上限值为 Ra3.2μm。

3）B 面表面粗糙度的上限值为 Ra12.5μm。

4）其余表面不进行切削加工。

3. 盘类零件表面粗糙度的选择

已知一法兰盘零件，如图 3.21 所示，其表面粗糙度已标出，但标注存在问题，请根据已学知识在图 3.22 中标出正确的标注。

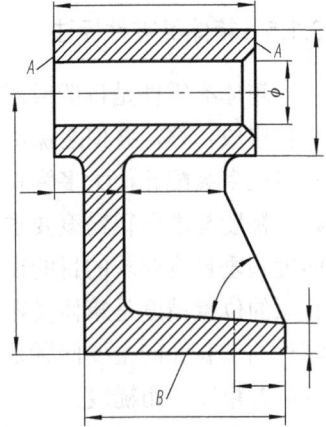

图 3.20   支架零件图

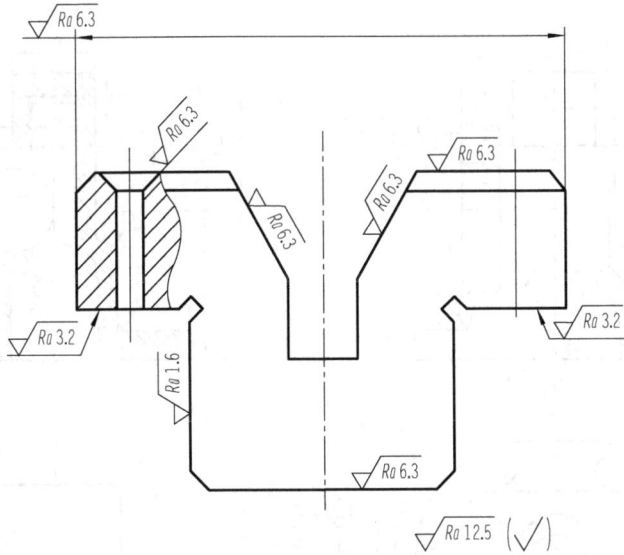

图 3.21   法兰盘零件粗糙度标注

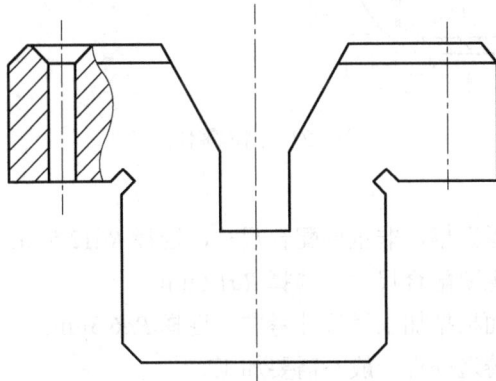

图 3.22   法兰盘零件图

3.1.5　箱体类零件标注

　　箱体类零件是机器或部件中常见的一种零件,它将机器或部件中的齿轮、轴等相关零件连成一体,并使之保持正确位置。箱体类零件结构相对复杂,壁薄且壁厚不均,通常有很多装配孔,大多为轴承的支撑孔,加工精度要求较高。

　　精度与表面粗糙度要求的目的是保证安装在孔内的轴承和轴的回转精度;平面的平面度和垂直度要求的目的在于保证装配后整机的接触面接触刚度和导向面的定位精度;孔系的位置精度是箱体类零件最主要的技术要求,其中包括孔与孔的位置精度。箱体类零件加工表面的主要问题是平面和孔,其技术要求主要体现在 3 个方面:尺寸精度、相互位置精度和粗糙度。

　　图 3.23 所示为一阀体零件图,已经包含了尺寸公差和几何公差的要求,根据表面粗糙度的选择原则对箱体的表面粗糙度进行标注。

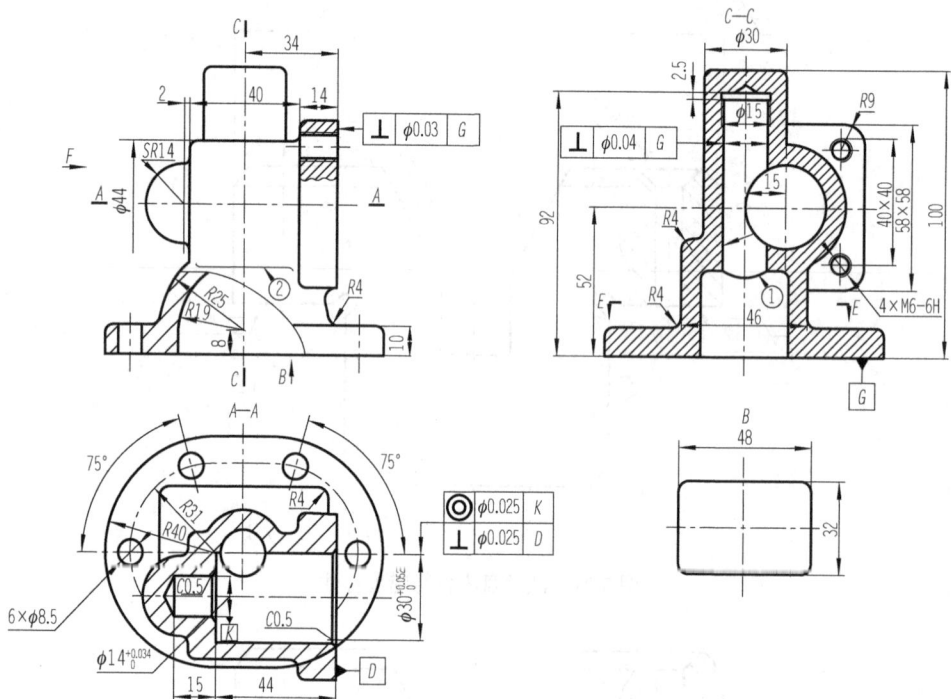

图 3.23　阀体零件图

　　分析如下。

　　1)螺栓连接孔、退刀槽,非重要配合尺寸,选择 $Ra12.5\mu m$。

　　2)所有内壁孔为重要配合尺寸,选择 $Ra1.6\mu m$。

　　3)倒角、大的平面根据加工经济性考虑,选择 $Ra6.3\mu m$。

　　4)箱体类零件的铸造外观一般不需要加工。

　　其具体标注示例如图 3.24 所示。

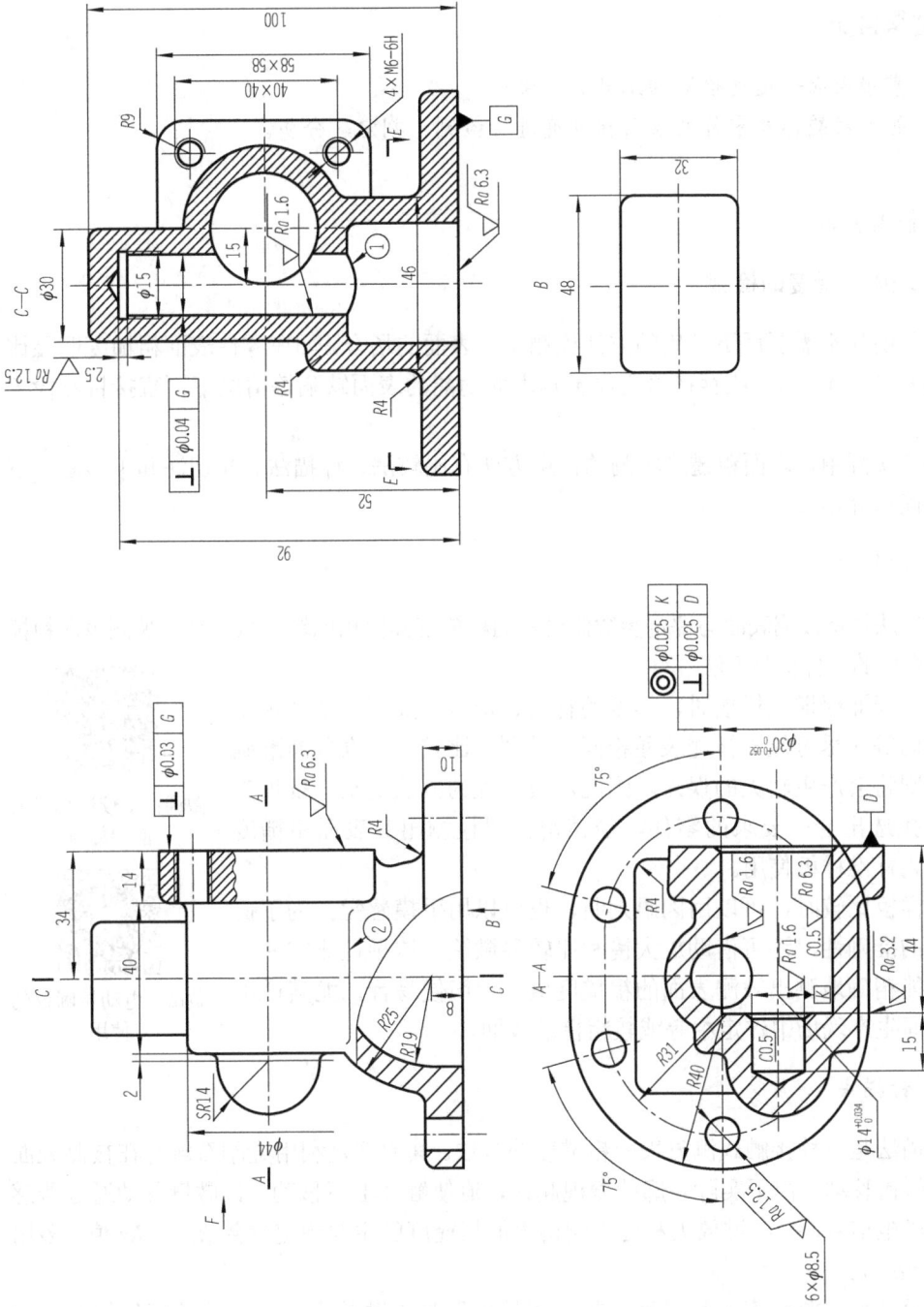

图 3.24　阀体粗糙度标注

任务 3.2 箱体类零件的精度检测

任务目标

1. 掌握表面粗糙度检测的工具和方法；
2. 能够对箱体类零件的表面粗糙度进行检测、判定、分析。

任务资讯

3.2.1 表面粗糙度的检测

对于明显不需要用更精确的方法检测工件表面的场合，如在零件表面粗糙度明显比允许值好（或不好），或存在着明显影响表面功能的表面缺陷等情况下，直接目测检查即可。

生产实际中，表面粗糙度检测的常用方法有比较法、针描法、光切法和干涉法。下面仅作简单介绍。

1. 比较法

比较法是将被测表面与评定参数值已知的粗糙度样板相比较，从而判断被测表面粗糙度是否合格的一种检测方法。

选择表面粗糙度样板时，样板的材料、形状、加工方法和加工纹理方向等应尽可能与被测表面相同，以利于比较，提高判断准确性，否则将会产生较大的误差。因此，最合理的办法是从一批加工零件中挑选出合乎要求的零件，经精密仪器检测出其表面粗糙度值，作为标准样板使用。

用样板比较时，可以用肉眼判断，也可以用手摸感觉；为了提高比较的准确性，还可借助放大镜和比较显微镜。这种检测方法，虽然不能精确地测出被测表面的粗糙度值，但简便易行，尤其适用于在车间生产现场中评定中等或较粗糙的表面。

微课：比较法测量表面粗糙度

微课：电动轮廓仪的使用

2. 针描法

针描法是一种接触式测量表面粗糙度的方法。其原理是利用金刚石触针在被测表面上等速缓慢移动，由于实际轮廓的微观起伏，迫使触针上下移动，该微量移动通过传感器转换成电信号，并经过放大和处理测得表面粗糙度的主要评定参数 Ra 和 Rz 值。多用于测量 Ra 值。

应用针描法测量表面粗糙度，最常用的仪器是电动轮廓仪。电动轮廓仪的结构如图 3.25 所示，该仪器可直接显示 Ra 值，适宜测量范围为 $Ra\ 0.025\sim5\mu m$。

针描法测量迅速，可直接读出 Ra 值，并能在车间现场使用，因此得到了广泛的应用。

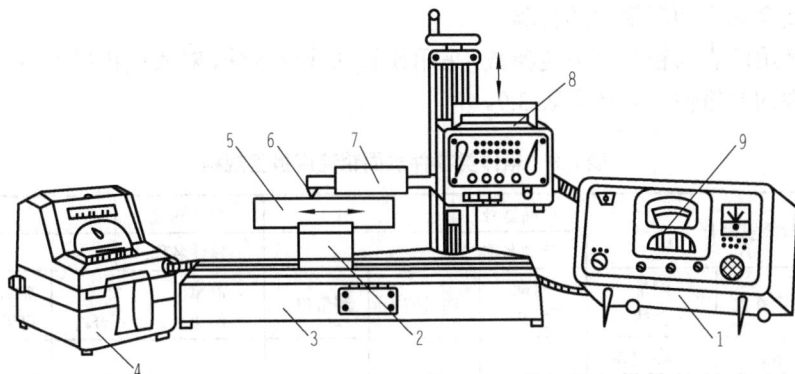

1—电器箱；2—V 形块；3—工作台；4—记录器；5—工件；6—触针；7—传感器；8—驱动箱；9—指示表。

图 3.25 电动轮廓仪的结构

3. 光切法

光切法是应用光切原理测量表面粗糙度的一种测量方法。按光切原理制成的仪器叫作光切显微镜，又称双管显微镜，其结构如图 3.26 所示。这种方法适宜测量用车、铣、刨等方法所加工的零件平面。光切法主要用于测量 Rz 值，其测量范围一般为 $Rz\ 0.5\sim60\mu m$。

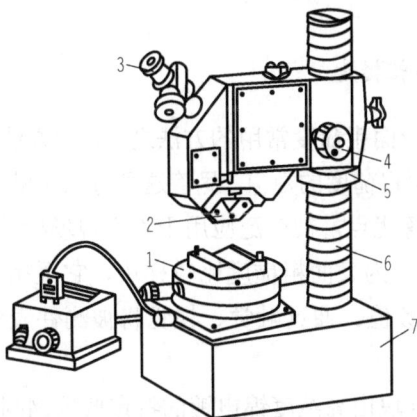

1—工作台；2—可换物镜；3—目镜；4—微调手轮；5—粗调螺母；6—立柱；7—底座。

图 3.26 光切显微镜的结构

4. 干涉法

干涉法是利用光波干涉原理来测量表面粗糙度的一种方法。按干涉原理制成的仪器叫作干涉显微镜。干涉法主要用于表面粗糙度 Rz 值的测量，其测量的范围为 $Rz\ 0.025\sim0.8\mu m$。

✂〰 **任务实施**

3.2.2 箱体类零件检验规程制定

箱体类零件尺寸精度的检验规程参看任务 1.2，几何精度的检验规程参看任务 2.2，本任务主要介绍表面粗糙度的检验。

根据常用的表面粗糙度评定参数,采用比较法或仪器法,对表面粗糙度值进行测定,并判断零件的合格性。具体见表 3.9。

表 3.9　箱体类零件表面粗糙度检验规程

检验规程卡			产品型号			零件图号			
			产品名称			零件名称			
检验号	评定参数	测量方法	测量工具	测量值 1	测量值 2	测量结果	合格/不合格	加工后可用性	备注
10	*Ra*	比较/仪器							
20	*Rz*								
30	*Rc*								
40	……								
50	……								
60									
70									
检验者				检验日期		年　　月　　日			

3.2.3　专用检具的使用

1. 用比较法测量表面粗糙度

比较法是生产中测量表面粗糙度常用的方法之一。此方法是用表面粗糙度比较样块与被测表面比较,判断表面粗糙度的数值。尽管这种方法不够严谨,但它具有测量方便、成本低、对环境要求不高等优点,被广泛应用于生产现场检验一般表面粗糙度。

比较样块:图 3.27 所示为表面粗糙度比较样块,它采用特定合金材料加工而成,具有不同的表面粗糙度参数值。通过触觉、视觉将被测件表面与之作比较,以确定被测件表面的粗糙度。

ISO 表面粗糙度比较样块由高纯度镍电镀的特定低碳钢制成,在同一块上有细砂型和喷丸型两种规格,符合 ISO 8503 标准所规定的细、一般、粗糙 3 个等级,达到喷砂、喷丸清除表面的 Sa2.5 级和 Sa3 级标准,如图 3.28 所示。

2. 用表面粗糙度检查仪测量表面粗糙度

利用表面粗糙度检查仪测量表面粗糙度,具有直观、准确、高效等优势。测量时,要严格遵守使用说明书的操作程序,仔细处理各项数据。

2205 型表面粗糙度检查仪的外形如图 3.29 所示,它由驱动箱、传感器、电器箱、支臂、底座、计算机等 6 个基本部件组成。

2205 型表面粗糙度检查仪的驱动箱如图 3.30 所示。2205 型表面粗糙度检查仪的传感器如图 3.31 所示。

（a）车削加工样块

（b）电镀工艺复制的样块

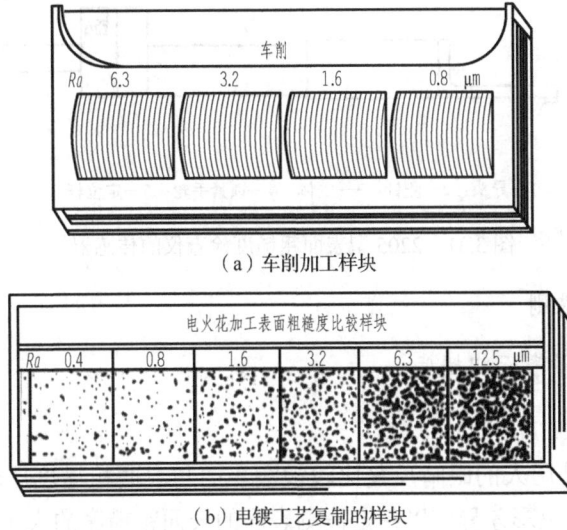

图 3.27 表面粗糙度比较样块

图 3.28 ISO 表面粗糙度比较样块

图 3.29 2205 型表面粗糙度检查仪的外形

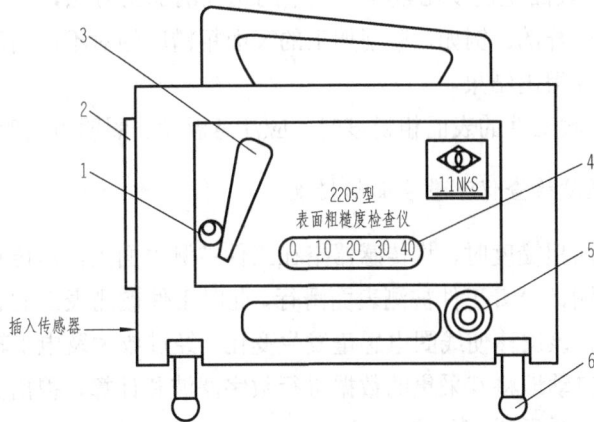

1—启动手柄限位钉；2—燕尾导轨；3—启动手柄；4—行程标尺；5—调整手轮；6—球形支承脚。

图 3.30 2205 型表面粗糙度检查仪的驱动箱

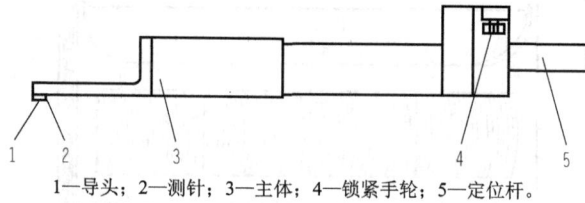

1—导头；2—测针；3—主体；4—锁紧手轮；5—定位杆。

图 3.31　2205 型表面粗糙度检查仪的传感器

3.2.4　箱体类零件检测

1. 用比较法测量表面粗糙度

（1）视觉比较法

视觉比较法就是用人的眼睛反复比较被测表面与表面粗糙度比较样块间的加工痕迹异同、反光强弱、色彩差异，以判定被测表面的表面粗糙度的大小。必要时可借用放大镜进行比较。

（2）触觉比较法

触觉比较法就是用手指分别触摸或划过被测表面和粗糙度比较样块，根据手的感觉判断被测表面与比较样块在峰谷高度和间距上的差别，从而判断被测表面粗糙度的大小。

采用比较法检测时，应注意以下事项。

1）被测表面与表面粗糙度比较样块应具有相同的材质。不同材质的表面的反光特性和手感的粗糙度不一样。例如，用一个钢质的表面粗糙度比较样块与一个铜质的加工表面相比较，将会导致误差较大的比较结果。

2）被测表面与表面粗糙度比较样块应采用相同的加工方法，不同的加工方法所获取的加工痕迹是不一样的。例如，车削加工的表面粗糙度绝对不能用磨加工的表面粗糙度比较样块去比较并得出结果。

3）用比较法检测工件的表面粗糙度时，应注意温度、照明方式等环境因素的影响。

2. 用表面粗糙度检查仪测量表面粗糙度

在测量工件表面粗糙度时，将传感器搭在工件被测表面上，由传感器探出的极其尖锐的棱锥形金刚石测针沿着工件被测表面滑行，此时工件被测表面的表面粗糙度引起了金刚石测针的位移，该位移使线圈电感量发生变化，经过放大及电平转换之后进入数据采集系统，计算机自动地将其采集的数据进行数字滤波和计算，得出测量结果，测量结果及图形在显示器上显示或打印输出。

3.2.5　检测报告填写

填写检测报告，见表 3.10。

表 3.10 检测报告（表面粗糙度）

被测量名称											
工具名称											
表面位置	1	2	······								
读数/μm											

测量结果记录：

粗糙度值				合格判断		
姓名	班级		学号	审核		成绩

3.2.6 误差分析

在测量过程中，由于人员差异，测量结果会存在误差。我们需要对测量误差产生的原因进行分析，并进行简单处理。

项 目 评 价

本项目的考核标准见表 3.11。本次考核在该课程考核成绩中的比例为 20%。

表 3.11 考核标准

序号	工作过程	主要内容	建议考核方式	评分标准	配分
1	资讯	任务相关 知识查找	教师评价 50% 相互评价 50%	通过资讯查找相关知识学习，按任务知识能力掌握情况进行评分	20
2	决策 计划	确定方案 编写计划	教师评价 80% 相互评价 20%	根据整体设计方案及采用方法的合理性进行评分	20
3	实施	方法正确 工艺合理 工序制定	教师评价 20% 自己评价 30% 相互评价 50%	根据标注的合理性及检验规程制定的合理性，量具使用的规范性进行评分	30
4	任务总结 报告	记录实施 过程步骤	教师评价 100%	根据标注、检测的任务分析、实施、总结过程记录情况进行评分	10
5	职业素养 团队合作	工作积极主动性 组织协调与合作	教师评价 30% 自己评价 20% 相互评价 50%	根据工作积极主动性及相互协作情况进行评分	20

项 目 小 结

1. 表面粗糙度的概念及对零件使用性能的影响。
2. 表面粗糙度的评定基准及主要评定参数。
3. 表面粗糙度参数的选用、参数值的选用。

4．表面粗糙度符号的意义及如何标注。

5．如何检测表面粗糙度，检验规程的制定，结果的评价，误差的分析。

通过本任务学习，学生应该熟悉表面粗糙度的国家标准，能够应用国家标准进行表面粗糙度的选择、标注等；同时应该能够使用检具对主评定参数进行检测，并判断合格性，给出误差分析。

练习与提高

1．表面粗糙度的概念是什么？它与形状误差和表面波纹度有何区别？

2．表面粗糙度对零件的使用性能有何影响？

3．为什么要合理地选择取样长度和评定长度？

4．国家标准对表面粗糙度规定了哪几个主要评定参数？它们的含义是什么？

5．选择表面粗糙度参数值的原则是什么？具体选择时应考虑哪几方面问题？

6．表面粗糙度的常用检测方法有哪些？试说明其相应的测量原理、测量仪器和大致的测量范围。

7．试确定 $\phi 30f5$、$\phi 30H5$、$\phi 80s5$ 的轴或孔的表面粗糙度参数值，并用表面粗糙度代号表示。

项目 4 零部件的综合标注与精度检测

项目描述

根据公差与配合的基本知识、极限与配合的国家标准、机械零件极限与配合的选用，完成零件尺寸公差的标注。

根据量块的使用及测量的精度，光滑极限量规的设计及使用，车间条件下普通计量器具的使用，计量室条件下检测仪器的使用，完成零件尺寸公差的检验及合格性判定。

任务 4.1 零部件的综合标注

任务目标

1. 掌握公差与配合的基本知识；
2. 能够正确选用和标注机械零件的尺寸公差、极限配合等。

任务资讯

螺纹无论在机械制造业还是在其他方面的应用都十分广泛。螺纹按其用途不同可分为普通螺纹、传动螺纹和管螺纹 3 类。本项目只讨论普通螺纹的互换性。

对普通螺纹联接的基本要求有以下两方面。

1）可旋入性：相同规格的内、外螺纹件在装配时不经挑选就能在给定的轴向长度内全部旋合。

2）联接可靠性：螺纹用于联接和紧固时，应具有足够的联接强度和紧固性，确保机器或装置的使用性能。

4.1.1 螺纹基本牙型和几何参数的术语与定义

2013 年，我国对原有的普通螺纹术语标准《螺纹术语》（GB/T 14791—1993）做了补充修订，颁布了新标准《螺纹 术语》（GB/T 14791—2013），适用于各种螺纹。

下面以管螺纹为例介绍螺纹的主要术语。在螺纹直径的符号中，内螺纹用大写字母表示，外螺纹用小写字母表示。

（1）基本牙型

螺纹基本牙型是指《螺纹 术语》（GB/T 14791—2013）中所规定的具有螺纹基本尺寸的牙型，如图 4.1 所示。基本牙型定义在螺纹的轴剖面上。

普通螺纹基本牙型是指在原始的等边三角形基础上，按规定将其顶部和底部削去一部分后形成的牙型。它是内、外螺纹共有的理想牙型。螺纹大径、中径、小径、螺距等基本尺寸都定义在基本牙型上。

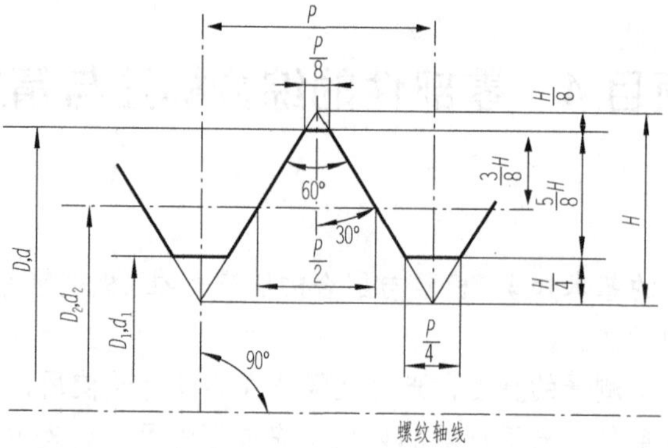

图 4.1　普通螺纹的基本牙型

（2）牙顶、牙底与牙侧

牙顶是指螺纹凸起的顶部表面。牙底是指螺纹沟槽的底部表面。牙侧是指牙顶和牙底之间的两侧螺纹表面。普通螺纹工作时，内、外螺纹的牙顶与牙底之间一般有间隙，其主要接触工作面是牙侧。

（3）大径、小径与公称直径

大径（D 或 d）是与内螺纹牙底或外螺纹牙顶相切的假想圆柱体直径。小径（D_1 或 d_1）是与内螺纹牙顶或外螺纹牙底相切的假想圆柱体直径。

国家标准规定，普通螺纹的公称直径为螺纹大径。

（4）基本中径与单一中径

基本中径（D_2 或 d_2）是指母线在牙型上沟槽宽度和凸起宽度相等处的假想圆柱直径，简称中径。

单一中径（D_2 单一或 d_2 单一）是指母线在牙型上沟槽宽度等于基本螺距一半处的假想圆柱的直径。单一中径可在实际螺纹上测得，它代表螺纹中径的实际尺寸。

当无螺距偏差时，单一中径与基本中径一致。当有螺距偏差时，单一中径与基本中径不相等。

（5）螺距与导程

螺距（P）是相邻两牙在中径线上对应两点间的轴向距离。

导程（P_h）是同一螺旋线上的相邻两牙在中径线对应两点间的轴向距离。对于单线螺纹，导程等于螺距。对于多线螺纹，导程等于螺纹线数与螺距之乘积。

（6）牙型角、牙型半角与牙侧角

牙型角（α）是指螺纹牙型上相邻两牙侧间的夹角。米制普通螺纹的牙型角 $\alpha = 60°$。

牙型半角（$\alpha/2$）是牙型角的一半。米制普通螺纹的牙型半角 $\alpha/2 = 30°$。

牙侧角（α_1）是在螺纹牙型上牙侧与螺纹轴线的垂线之间的夹角。对于普通螺纹，$\alpha_1 = 30°$。

（7）牙型高度

牙型高度是指螺纹牙顶与牙底间的垂直距离。如图 4.1 所示，牙型高度等于 $\frac{5}{8}H$。

（8）螺纹旋合长度

螺纹旋合长度是指两个相互配合的螺纹沿螺纹轴线方向上相互旋合部分的长度。

4.1.2　螺纹几何参数偏差对互换性的影响

螺纹结合的互换性是指内螺纹（或外螺纹）不经任何选择或修配就能旋入任一相同规格的外螺纹（或内螺纹）的全长上，并保证联接可靠。因此，具有良好的旋合性和一定的强度是保证普通螺纹互换性的条件。影响螺纹互换性的主要参数有中径偏差、螺距偏差和牙型半角偏差等。

（1）螺纹中径偏差对互换性的影响

螺纹中径偏差是指实际中径与基本中径的代数差。仅当中径有误差时，只要外螺纹中径小于内螺纹中径，就能保证旋合性；但若外螺纹中径过多地小于内螺纹中径，则会使内、外螺纹配合过松而影响联接的可靠性和紧密性，削弱联接强度。可见中径偏差的大小直接影响螺纹的互换性，必须加以限制。

（2）螺距偏差对互换性的影响

螺距偏差分为单个螺距偏差和螺距累积偏差。前者是指单个螺距实际值与其基本值之代数差，它与旋合长度无关。后者是指在规定的螺纹长度内，任意两个同名牙侧与中径线交点间的实际轴向距离与基本值之差的最大绝对值。螺距累积偏差与旋合长度有关，它是影响螺纹旋合性的主要因素。

为了便于分析，假设内螺纹具有基本牙型，外螺纹的中径和牙型半角与内螺纹相同，只有外螺纹存在螺距偏差。如图 4.2 所示，在 n 个螺牙的旋合长度内，若外螺纹的螺距累积偏差为 ΔP_Σ 且有 $n_{P外} > n_{P内}$，则螺距偏差 ΔP_Σ 相当于使外螺纹中径增加了一个 f_p 值，结果造成内、外螺纹的牙型发生干涉而无法自由旋合。在实际生产中，为使有螺距偏差的外螺纹能旋入理想内螺纹中，应将外螺纹中径减小一个 f_p 值。

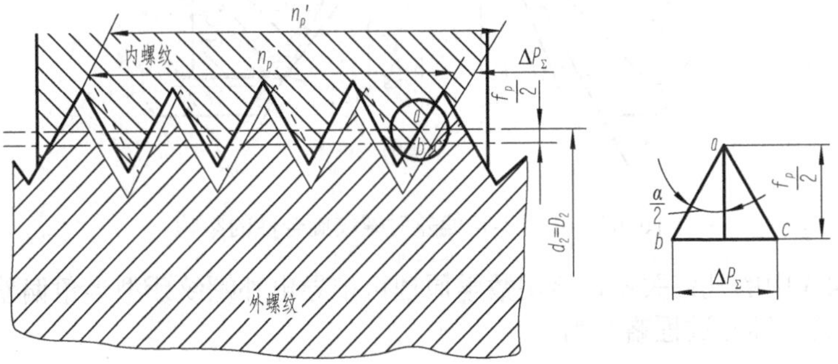

图 4.2　螺距累计偏差对旋合性的影响

同理，当假设外螺纹具有基本牙型，而内螺纹仅存在螺距偏差 ΔP_Σ 时，螺距偏差相当于使内螺纹中径减小了一个 f_p 值，为了保证旋合，应将内螺纹中径增加一个 f_p 值。

这个 f_p 值叫作螺距偏差的中径补偿值，也称螺距偏差的中径当量。根据图中的几何关系，在 $\triangle abc$ 中，有 $f_p = |\Delta P_\Sigma| \cot\dfrac{\alpha}{2}$。

对于普通螺纹，$\alpha = 60°$，因而 $f_p = 1.732|\Delta P_\Sigma|$。式中 ΔP_Σ 取绝对值，因为无论 ΔP_Σ 是正值或负值，都会导致发生干涉而影响旋合性，只是干涉发生在不同牙侧上而已。虽通过螺距偏差中径当量的补偿可保证旋合性，但由于内、外螺纹牙侧接触面减少，螺纹联接的强度下降。

ΔP_Σ 应为在旋合长度内的最大螺距积累偏差，但该值并不一定出现在最大旋合长度处。

（3）牙型半角偏差对互换性的影响

螺纹牙型半角偏差是实际牙型半角与理论牙型半角之差，它是牙侧相对于螺纹轴线的位置偏差。牙型半角偏差对螺纹的旋合性与联接强度均有影响。

图 4.3 所示为牙型半角偏差对螺纹旋合性的影响。假设内螺纹具有基本牙型，而外螺纹的中径和螺距均与内螺纹相同，仅牙型半角有偏差。图 4.3 中，外螺纹的左半角偏差 $\left(\Delta\dfrac{\alpha}{2}\right)_{(左)} < 0$，右半角偏差 $\left(\Delta\dfrac{\alpha}{2}\right)_{(右)} > 0$。由于外螺纹存在牙型半角偏差，当内、外螺纹旋合时两牙侧将发生干涉（用阴影示出）而无法旋合。为使具有半角偏差的外螺纹能旋入内螺纹中，使干涉区消失，就必须将外螺纹的中径减小一个 $f_{\frac{\alpha}{2}}$ 值，该 $f_{\frac{\alpha}{2}}$ 值叫作牙型半角偏差的中径当量。

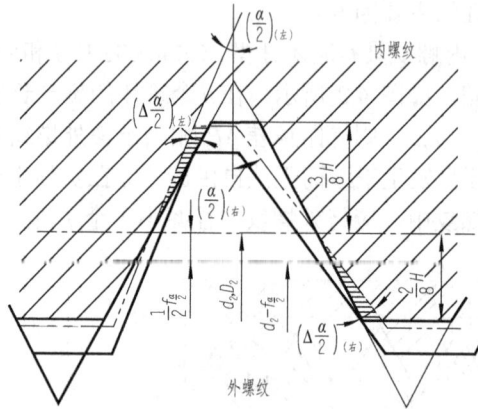

图 4.3　牙型半角偏差对螺纹旋合性的影响

根据图 4.3 中的几何关系，运用数学原理可推导出外螺纹牙型半角偏差的中径当量 $f_{\frac{\alpha}{2}}$ 的计算公式（推导过程略）为

$$f_{\frac{\alpha}{2}} = 0.073P\left(K_1\left|\left(\Delta\dfrac{\alpha}{2}\right)_{(左)}\right| + K_2\left|\left(\Delta\dfrac{\alpha}{2}\right)_{(右)}\right|\right)(\mu m)$$

式中，P 为螺距（mm）；$\left(\Delta\frac{\alpha}{2}\right)_{(左)}$ 为左半角偏差（′）；$\left(\Delta\frac{\alpha}{2}\right)_{(右)}$ 为右半角偏差（′）；K_1、K_2 为系数。

上式是由外螺纹存在半角偏差时推导出来的一个通式。当假设外螺纹具有基本牙型，而内螺纹仅存在牙型半角偏差时，就必须将内螺纹的中径增大一个 $f_{\frac{\alpha}{2}}$ 值。所以上式对内螺纹同样适用。

K_1、K_2 的取值参见表 4.1。

表 4.1 内、外螺纹的 K_1、K_2 取值

内螺纹				外螺纹			
$\left(\Delta\frac{\alpha}{2}\right)_{(左)}>0$	$\left(\Delta\frac{\alpha}{2}\right)_{(左)}<0$	$\left(\Delta\frac{\alpha}{2}\right)_{(右)}>0$	$\left(\Delta\frac{\alpha}{2}\right)_{(右)}<0$	$\left(\Delta\frac{\alpha}{2}\right)_{(左)}>0$	$\left(\Delta\frac{\alpha}{2}\right)_{(左)}<0$	$\left(\Delta\frac{\alpha}{2}\right)_{(右)}>0$	$\left(\Delta\frac{\alpha}{2}\right)_{(右)}<0$
K_1		K_2		K_1		K_2	
3	2	3	2	2	3	2	3

（4）螺纹大径、小径对互换性的影响

在螺纹制造时，常使内螺纹的大、小径实际尺寸分别大于外螺纹的大、小径实际尺寸，故一般不会影响配合性质及互换性。但若内螺纹小径过大，或外螺纹大径过小，会使螺纹联接的接触高度减少，从而影响联接的可靠性。因此，必须规定螺纹大径的公差。

4.1.3 螺纹的作用中径及保证螺纹互换性的条件

（1）作用中径的概念

作用中径是在螺纹配合中实际起作用的中径。若普通螺纹均无螺距偏差和牙型半角偏差，则内、外螺纹旋合时起作用的中径就是螺纹的实际中径。

当存在螺距偏差、牙型半角偏差的外螺纹与具有基本牙型的内螺纹旋合时，总是使旋合变紧，其效果好像外螺纹中径增大了。这个增大了的假想中径叫作外螺纹的作用中径，用 $d_{2作用}$ 表示。它是与内螺纹旋合时实际起作用的中径，其大小等于外螺纹单一中径与螺距累积偏差、牙型半角偏差的中径当量之和，即

$$d_{2作用}=d_{2单一}+\left(f_p+f_{\frac{\alpha}{2}}\right)$$

同理，当存在螺距偏差、牙型半角偏差的内螺纹与具有基本牙型的外螺纹旋合时，旋合也变紧了，其效果好像内螺纹中径减小了。这个减小了的假想中径叫作内螺纹的作用中径，用 $D_{2作用}$ 表示。它是与外螺纹旋合时实际起作用的中径，其大小等于内螺纹的单一中径与螺距累积偏差、牙型半角偏差的中径当量之差，即

$$D_{2作用}=D_{2单一}-\left(f_p+f_{\frac{\alpha}{2}}\right)$$

由以上分析可知，作用中径是用来判断螺纹可否旋合的中径。要想保证内、外螺纹的旋合性，就必须满足如下要求：

$$D_{2\text{作用}} \geqslant d_{2\text{作用}}$$

（2）保证螺纹互换性的条件

如前所述，要实现螺纹的互换性，必须同时满足可旋合性和联接可靠性两个基本要求。

如果外螺纹的作用中径过大，内螺纹的作用中径过小，将使螺纹难以旋合；如果外螺纹的作用中径过小，内螺纹的作用中径过大，将会影响螺纹的联接强度。为保证螺纹旋合性和联接强度，国家标准《普通螺纹 公差》（GB/T 197—2018）中规定螺纹中径合格性的判断原则为"螺纹的作用中径不能超出最大实体牙型的中径，任意位置的单一中径不能超出最小实体牙型的中径"。

对外螺纹，为保证旋合性，其作用中径 $d_{2\text{作用}}$ 不能大于最大极限中径 $d_{2\text{max}}$；为保证联接的可靠性，避免旋合太松，应保证任意位置的单一中径 $d_{2\text{单—}}$ 不能小于最小极限中径 $d_{2\text{min}}$。

同理，对内螺纹，为保证旋合性，其作用中径 $D_{2\text{作用}}$ 不能小于最小极限中径 $D_{2\text{min}}$；为保证联接的可靠性，避免旋合太松，应保证任意位置的单一中径 $D_{2\text{单—}}$ 不能大于最大极限中径 $D_{2\text{max}}$。

因此，保证螺纹互换性的条件如下。

1）外螺纹：$d_{2\text{作用}} \leqslant d_{2\text{max}}$，$d_{2\text{单—}} \geqslant d_{2\text{min}}$；

2）内螺纹：$D_{2\text{作用}} \geqslant D_{2\text{min}}$，$D_{2\text{单—}} \leqslant D_{2\text{max}}$。

4.1.4 普通螺纹的公差与配合

国家标准《普通螺纹 公差》（GB/T 197—2018）将螺纹公差带标准化了。螺纹公差带由构成公差带大小的公差等级和确定公差带位置的基本偏差组成，结合内外螺纹的旋合长度，一起形成不同的螺纹精度。

（1）螺纹公差带的概念

国家标准规定，螺纹公差带在通过螺纹轴线的平面上，以基本牙型轮廓为零线，沿着牙型的牙侧、牙顶和牙底分布，并在垂直于螺纹轴线方向上计量大径、中径的偏差和公差。螺纹公差带由螺纹公差等级和基本偏差决定，如图4.4所示。

（2）普通螺纹的公差等级

国家标准对内、外螺纹规定了不同的公差等级，见表4.2。各公差等级中，3级最高，9级最低。内螺纹的小径和中径、外螺纹的大径和中径可分别选取不同的公差等级，一般以6级为基本级。

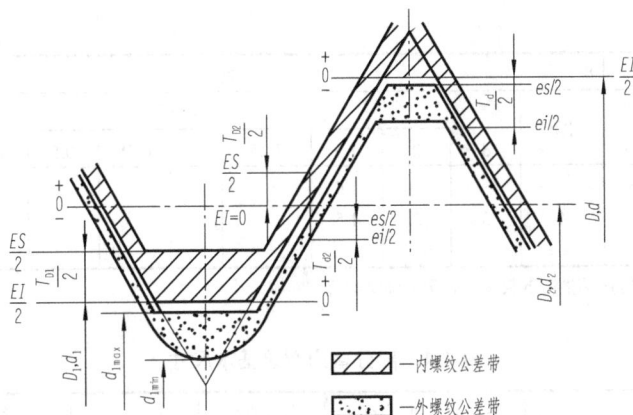

ES、EI—内螺纹上、下偏差；es、ei—外螺纹上、下偏差；T_D、T_d—内、外螺纹公差。

图 4.4　螺纹公差带

表 4.2　国标规定选取的螺纹公差等级

螺纹直径	公差等级	螺纹直径	公差等级
外螺纹中径 d_2	3，4，5，6，7，8，9	内螺纹中径 D_2	4，5，6，7，8
外螺纹大径 d	4，6，8	内螺纹小径 D_1	4，5，6，7，8

螺纹的公差值是由经验公式计算而来的。表 4.3 给出了公称直径与螺距的标准组合系列，表 4.4 给出了普通螺纹的基本尺寸。普通螺纹的中径和顶径公差值见表 4.5 和表 4.6。

表 4.3　部分公称直径与螺距标准组合系列　　　　　（单位：mm）

公称直径 D、d			螺距 P										
第1系列	第2系列	第3系列	粗牙	细牙									
				3	2	1.5	1.25	1	0.75	0.5	0.35	0.25	0.2
10			1.5				1.25	1	0.75				
		11	1.5			1.5		1	0.75				
12			1.75				1.25	1					
	14		2			1.5	1.25a	1					
		15				1.5		1					
16			2			1.5		1					
		17				1.5		1					
	18		2.5		2	1.5		1					
20			2.5		2	1.5		1					
	22		2.5		2	1.5		1					
24			3		2	1.5		1					
		25			2	1.5		1					
		26				1.5							
	27		3		2	1.5		1					
		28			2	1.5		1					
30			3.5	(3)	2	1.5		1					
		32			2	1.5							
		33	3.5	(3)	2	1.5							

续表

公称直径 D、d			螺距 P										
第1系列	第2系列	第3系列	粗牙	细牙									
				3	2	1.5	1.25	1	0.75	0.5	0.35	0.25	0.2
36		35b	4	3	2	1.5 1.5 1.5							

注：a 仅用于发动机的火花塞；b 仅用于轴承的锁紧螺母。

表 4.4　部分普通螺纹基本尺寸　　　　　　　（单位：mm）

公称直径 D、d	螺距 P	中径 D_2 或 d_2	小径 D_1 或 d_2	公称直径 D、d	螺距 P	中径 D_2 或 d_2	小径 D_1 或 d_1
20	2.5	18.376	17.294	30	3.5	27.727	26.211
	2	18.701	17.835		2	28.701	27.835
	1.5	19.026	18.376		1.5	29.026	28.376
	1	19.350	18.917		1	29.350	28.917
24	3	22.051	20.752	36	4	33.402	31.670
	2	22.701	21.835		3	34.051	32.752
	1.5	23.026	22.376		2	34.701	33.835
	1	23.350	22.917		1.5	35.026	34.376

表 4.5　部分内、外螺纹中径公差

基本大径/mm		螺距	内螺纹中径公差 T_{D_2}/μm					外螺纹中径公差 T_{d_2}/μm					
>	≤	P/mm	公差等级										
			4	5	6	7	8	3	4	5	6	7	8	9
5.6	11.2	0.75	85	106	132	170	—	50	63	80	100	125	—	—
		1	95	118	150	190	236	56	71	90	112	140	180	224
		1.25	100	125	160	200	250	60	75	95	118	150	190	236
		1.5	112	140	180	224	280	67	85	106	132	170	212	295
11.2	22.4	1	100	125	160	200	250	60	75	95	118	150	190	236
		1.25	112	140	180	224	280	67	85	106	132	170	212	265
		1.5	118	150	190	236	300	71	90	112	140	180	224	280
		1.75	125	160	200	250	315	75	95	118	150	190	236	300
		2	132	170	212	265	335	80	100	125	160	200	250	315
		2.5	140	180	224	280	355	85	106	132	170	212	265	335
22.4	45	1	106	132	170	212	—	63	80	100	125	160	200	250
		1.5	125	160	200	250	315	75	95	118	150	190	236	300
		2	140	180	224	280	355	85	106	132	170	212	265	335
		3	170	212	265	335	425	100	125	160	200	250	315	400
		3.5	180	224	280	355	450	106	132	170	212	265	335	425

续表

基本大径/mm		螺距	内螺纹中径公差 T_{D_2}/μm					外螺纹中径公差 T_{d_2}/μm						
			公差等级											
>	≤	P/mm	4	5	6	7	8	3	4	5	6	7	8	9
22.4	45	4	190	236	300	375	475	112	140	180	224	280	355	450
		4.5	200	250	315	400	500	118	150	190	236	300	375	475

表 4.6　内、外螺纹顶径公差

螺距/mm	内螺纹顶径（小径）公差 T_{D_1}/μm				外螺纹顶径（大径）公差 T_d/μm		
	公差等级						
	5	6	7	8	4	6	8
0.75	150	190	236	—	90	140	—
0.8	160	200	250	315	95	150	236
1	190	236	300	375	112	180	280
1.25	212	265	335	425	132	212	335
1.5	236	300	375	475	150	236	375
1.75	265	335	425	530	170	265	425
2	300	375	475	600	180	280	450
2.5	355	450	560	710	212	335	530
3	400	500	630	800	236	375	600

由于内螺纹加工比外螺纹困难，在同一公差等级中，内螺纹中径公差比外螺纹中径公差大 32%。对外螺纹的小径和内螺纹的大径没有规定具体的公差值，而只规定内、外螺纹牙底实际轮廓上的任何点均不得超出按基本偏差所确定的最大实体牙型。

（3）螺纹的基本偏差

螺纹公差带的位置是由基本偏差确定的。普通螺纹的国家标准 GB/T 197—2018 规定，外螺纹的上偏差（es）和内螺纹的下偏差（EI）为基本偏差。并且对内螺纹规定了代号为 G、H 的 2 种基本偏差，对外螺纹规定了代号为 a、b、c、d、e、f、g、h 的 8 种基本偏差，如图 4.5 所示。H、h 的基本偏差为零，G 的基本偏差为正值，a、b、c、d、e、f、g 的基本偏差为负值。

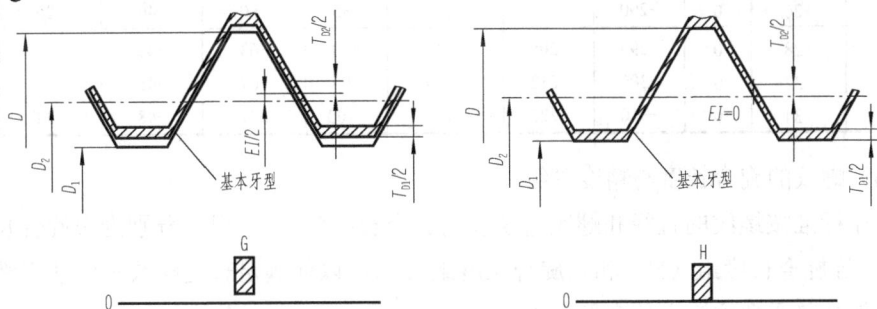

（a）内螺纹公差带位置

图 4.5　内、外螺纹公差带位置

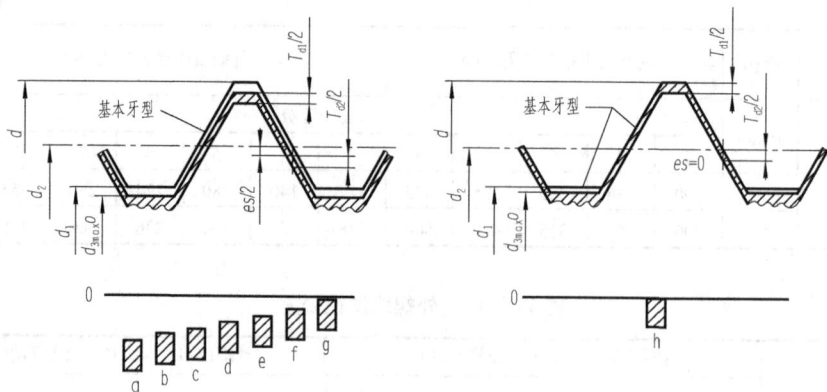

（b）外螺纹公差带位置

图 4.5（续）

内、外螺纹的基本偏差数值见表 4.7。

表 4.7　内、外螺纹的基本偏差

螺距 P/mm	基本偏差/μm								
	内螺纹		外螺纹						
	G EI	H EI	a es	b es	c es	d es	e es	f es	g es	h es
0.2	+17	0	—	—	—	—	—	—	-17	0
0.25	+18	0	—	—	—	—	—	—	-18	0
0.3	+18	0	—	—	—	—	—	—	-18	0
0.35	+19	0	—	—	—	—	—	-34	-19	0
0.4	+19	0	—	—	—	—	—	-34	-19	0
0.45	+20	0	—	—	—	—	—	-35	-20	0
0.5	+20	0	—	—	—	—	-50	-36	-20	0
0.6	+21	0	—	—	—	—	-53	-36	-21	0
0.7	+22	0	—	—	—	—	-56	-38	-22	0
0.75	+22	0	—	—	—	—	-56	-38	-22	0
0.8	+24	0	—	—	—	—	-60	-38	-24	0
1	+26	0	-290	-200	-130	-85	-60	-40	-26	0
1.25	+28	0	-295	-205	-135	-90	-63	-42	-28	0
1.5	+32	0	-300	-212	-140	-95	-67	-45	-32	0
1.75	+34	0	-310	-220	-145	-100	-71	-48	-34	0

（4）螺纹的旋合长度与精度等级

国家标准按螺纹的直径和螺距将螺纹的旋合长度分为 3 组，分别为短旋合长度组（S）、中等旋合长度组（N）和长旋合长度组（L），以便满足普通螺纹不同使用性能的要求。部分普通螺纹旋合长度见表 4.8。

表 4.8　部分普通螺纹旋合长度　　　　　　　　（单位：mm）

公称直径 D、d		螺距 P	旋合长度			
			S	N		L
>	≤		≤	>	≤	>
5.6	11.2	0.75	2.4	2.4	7.1	7.1
		1	3	3	9	9
		1.25	4	4	12	12
		1.5	5	5	15	15
11.2	22.4	1	3.8	3.8	11	11
		1.25	4.5	4.5	13	13
		1.5	5.6	5.6	16	16
		1.75	6	6	18	18
		2	8	8	24	24
		2.5	10	10	30	30
22.4	45	1	4	4	12	12
		1.5	6.3	6.3	19	19
		2	8.5	8.5	25	25
		3	12	12	36	36
		3.5	15	15	45	45
		4	18	18	53	53
		4.5	21	21	63	63

　　一般情况下选用中等旋合长度。

　　螺纹的配合精度不仅与制造精度有关，而且与旋合长度有关。当公差等级一定时，螺纹旋合长度越长，螺距累积偏差就会越大，加工就越困难。因此公差等级相同而旋合长度不同时，螺纹的精度等级也不同。

　　国家标准按螺纹的公差等级和旋合长度，将螺纹精度分为精密、中等和粗糙 3 个等级。螺纹精度等级的高低代表着螺纹加工的难易程度。一般以中等旋合长度下的 6 级公差等级为中等精度，精密与粗糙都是与之相比较而言的。

　　螺纹精度等级的应用范围如下。

　　精密级：用于精密螺纹及要求配合性质变动较小的联接。

　　中等级：用于一般用途的机械。

　　粗糙级：用于精度要求不高或制造比较困难的螺纹，如盲孔螺纹等。

　　（5）螺纹公差带与配合的选择

　　为了减少螺纹刀具和螺纹量规的规格和数量，必须对螺纹的公差等级和基本偏差的组合加以限制。国家标准《普通螺纹　公差》（GB/T 197—2018）推荐了一些内、外螺纹的常用公差带，见表 4.9。在选用螺纹公差带时，宜优先按表中的规定选取。表 4.9 以外的其他公差带一般不宜选用。

表 4.9 内、外螺纹的推荐公差带

内螺纹推荐公差带						
公差精度	公差带位置 G			公差带位置 H		
	S	N	L	S	N	L
精密	—	—	—	4H	5H	6H
中等	(5G)	**6G**	(7G)	**5H**	**6H**	**7H**
粗糙	—	(7G)	(8G)	—	7H	8H

外螺纹推荐公差带											
公差精度	公差带位置 e			公差带位置 f			公差带位置 g			公差带位置 h		
	S	N	L	S	N	L	S	N	L	S	N	L
精密	—	—	—	—	—	—	—	(4g)	(5g4g)	(3h4h)	**4h**	(5h4h)
中等	—	**6e**	(7e6e)	—	**6f**	—	(5g6g)	**6g**	(7g6g)	(5h6h)	6h	(7h6h)
粗糙	—	(8e)	(9e8e)	—	—	—	—	8g	(9g8g)	—	—	—

若未给定螺纹旋合长度的实际值（如标准螺栓），推荐按中等旋合长度（N）选取螺纹公差带。

螺纹公差带代号包括中径和顶径的公差等级和基本偏差代号。当中径和顶径公差带不同时，应分别注出，前者为中径，后者为顶径，如5g6g。当中径、顶径的公差带相同时，可合并标注，如6g、6H。

为保证牙侧足够的接触高度，完工后的内、外螺纹优先采用 H/h、H/g 或 G/h 的配合。一般情况下采用最小间隙为零的 H/h 配合；对用于经常要求装拆或工作温度高的螺纹，通常采用保证有间隙的 H/g 或 G/h 的配合；对公称直径≤1.4mm 的螺纹，应选用5H/6h、4H/6h 或更精密的配合。

4.1.5 普通螺纹在图样上的标记

（1）普通螺纹的标记

国家标准 GB/T 197—2018 规定，完整的螺纹标记由螺纹特征代号、尺寸代号、螺纹公差带代号和其他有必要进一步说明的个别信息组成。

1）螺纹特征代号：普通螺纹用字母 M 表示。

2）尺寸代号：单线螺纹的尺寸代号为"公称直径×螺距"，公称直径和螺距数值的单位为 mm。对粗牙螺纹，可省略标注螺距。

多线螺纹的尺寸代号为"公称直径×Ph 导程 P 螺距"。公称直径、导程和螺距数值的单位为 mm。若要进一步表明螺纹的线数，可在后面增加括号说明（使用英语进行说明，例如，双线为 two starts；三线为 three starts；四线为 four starts）。

3）螺纹公差带代号：包括中径和顶径的公差带代号。中径公差带代号在前，顶径公差带代号在后。如果两者的公差带代号相同，应只标一个。螺纹尺寸代号与公差带代号之间用"-"分开。

在下列情况下，中等公差精度螺纹不标注公差带代号。

① 内螺纹：5H——公称直径小于或等于 1.4mm 时；6H——公称直径大于或等于 1.6mm 时。

② 外螺纹：6h——公称直径小于或等于 1.4mm 时；6g——公称直径大于或等于 1.6mm 时。

4）其他信息：标记内有必要做说明的其他信息（包括螺纹的旋合长度和旋向）。

对短旋合长度组和长旋合长度组的螺纹，宜在公差带代号后分别标注代号"S"和"L"。旋合长度代号与公差带代号之间用"-"分开。中等旋合长度组的螺纹不标注代号"N"。

对左旋螺纹，应在旋合长度代号后标注代号"LH"。旋合长度代号与旋向代号之间用"-"分开。右旋螺纹不标旋向。

（2）标记示例

1）M20×2-5g6g-S-LH：表示普通螺纹，公称直径 20mm，细牙，螺距 2mm；中等精度外螺纹，中径公差带代号为 5g，顶径公差带代号为 6g；短旋合长度，左旋。

2）M10-7H：表示普通螺纹，公称直径 10mm，粗牙；粗糙精度内螺纹，中径和顶径公差带代号均为 7H；中等旋合长度，右旋。

3）M10×1-6h-30：表示普通螺纹，公称直径 10mm，细牙，螺距 1mm；中等精度外螺纹，中径和顶径公差带代号均为 6h；旋合长度为 30mm，右旋。

4）M14×Ph6P2（three starts）-7H-L-LH：表示普通螺纹，公称直径 14mm，三线螺纹，导程 6mm，螺距 2mm；粗糙精度内螺纹，中径和顶径公差带代号均为 7H；长旋合长度，左旋。

5）M6：表示普通螺纹，公称直径 6mm，粗牙；中等旋合长度，右旋；公差带代号省略（表示中等精度，对外螺纹其中径和顶径公差带代号为 6g；对内螺纹其中径和顶径公差带代号为 6H）。

在图样上标注内、外螺纹的配合时，将其公差带代号用斜线分开，左边表示内螺纹的公差带代号，右边表示外螺纹的公差带代号。例如，M20×2-6H/6g 和 M20-7H/7g6g-L-LH。

4.1.6　螺纹表格的应用示例

【例 4-1】查阅及计算 M20-6H/5g6g 普通内、外螺纹的中径、大径和小径的基本尺寸、极限偏差和极限尺寸。

解：1）螺距查表 4.3 得，螺距 P=2.5mm。

2）基本尺寸（mm）查表 4.4。

大径：D=d=20；

中径：D_2=d_2=18.376；

小径：D_1=d_1=17.294。

3）极限偏差查表 4.7 和表 4.8，见表 4.10。

表 4.10　极限偏差　　　　　　　　　　　（单位：mm）

螺纹直径	ES（es）	EI（ei）
内螺纹大径	不规定	0
内螺纹中径	+0.224	0
内螺纹小径	+0.450	0
外螺纹大径	−0.042	−0.377
外螺纹中径	−0.042	−0.174
外螺纹小径	−0.042	不规定

4）计算极限尺寸，见表 4.11。

表 4.11 极限尺寸 （单位：mm）

螺纹直径	上极限尺寸	下极限尺寸
内螺纹大径	不超过实体牙型	20
内螺纹中径	18.600	18.376
内螺纹小径	17.744	17.294
外螺纹大径	19.958	19.623
外螺纹中径	18.334	18.202
外螺纹小径	17.252	不超过实体牙型

任务实施

由于各种螺纹的表示法都是相同的，因此国家标准规定标准螺纹用规定的标记标注，并标注在螺纹的公称直径的尺寸线或其引出线上，以区别不同种类的螺纹。各种螺纹的标注方法和示例分述如下。

4.1.7 普通螺纹的标注

普通螺纹在图上的标注，如图 4.6 所示。

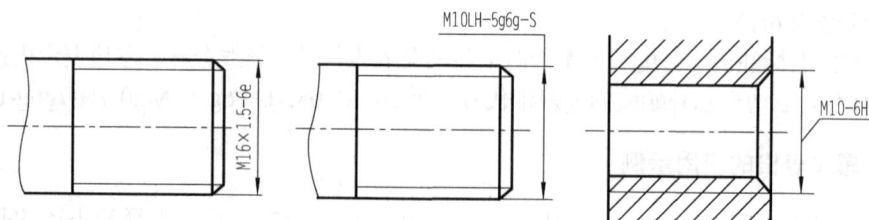

图 4.6 普通螺纹标注示例

4.1.8 管螺纹的标注

管螺纹分为 55° 密封管螺纹和 55° 非密封管螺纹。螺纹标记的内容和格式是：

螺纹代号	尺寸代号	旋向代号

管螺纹的标注示例如图 4.7 所示。

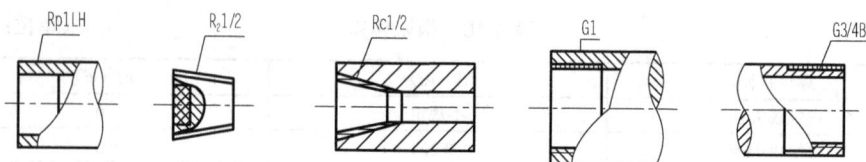

图 4.7 管螺纹标注示例

应注意管螺纹的尺寸代号并不是螺纹的大径，因而这类螺纹需用指引线自大径圆柱

（或圆锥）母线上引出标注，不能像标注一般线性尺寸那样引用箭头注写在大径尺寸线上。作图时，根据尺寸代号查出螺纹的大径。例如，尺寸代号为"1"时，螺纹的大径为 33.249mm。

4.1.9　梯形螺纹的标注

梯形螺纹的完整标记，由螺纹代号、公差带代号及旋合长度代号组成。其具体的标记格式为：

螺纹代号					-	中径公差带代号	-	旋合长度代号
特征代号	公称直径	×	导程（螺距代号 P 和数值）	旋向				

4.1.10　锯齿形螺纹的标注

锯齿形螺纹标注的具体格式完全与梯形螺纹相同。

梯形螺纹与锯齿形螺纹的标注如图 4.8 所示。

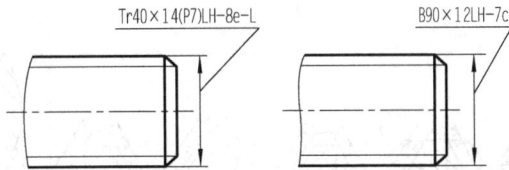

图 4.8　梯形螺纹与锯齿形螺纹标注示例

4.1.11　非标准螺纹的标注

对于非标准螺纹，应画出螺纹的牙型，并注出所需要的尺寸及有关要求，图 4.9 所示为非标准的外螺纹。

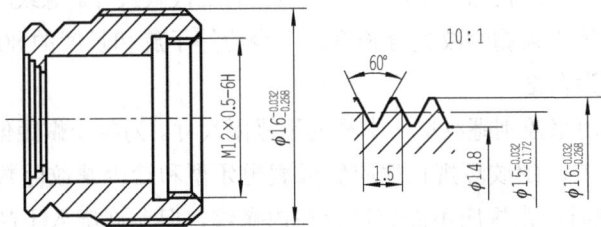

图 4.9　非标准螺纹标注示例

任务 4.2　减速器零部件的精度检测

1. 掌握车间条件下普通计量器具的使用方法；
2. 能够对零件的尺寸进行检测、判定、分析。

任务资讯

4.2.1 综合检测

在成批生产中，通常采用螺纹量规和光滑极限量规联合检验螺纹的合格性。其特点是检验效率较高，但不能测出参数的具体数值。

微课：螺纹环规、塞规的使用

（1）外螺纹的检验

如图 4.10 所示，为采用螺纹环规和光滑极限环规检验外螺纹的合格性。

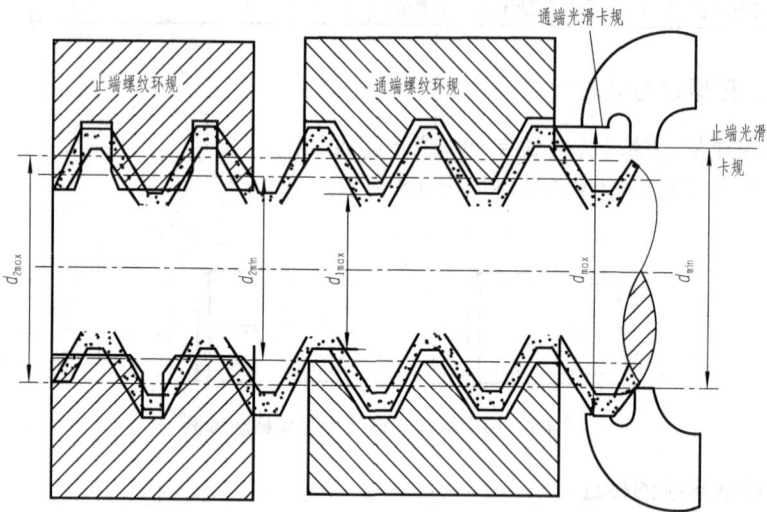

图 4.10 用螺纹环规和光滑极限环规检验外螺纹

螺纹环规通端用来控制螺纹作用中径及小径的上极限尺寸。螺纹环规通端应采用完整牙型，其长度应等于被测螺纹旋合长度（至少应等于旋和长度的 80%）。检测时，通端能旋过被测螺纹为合格。

螺纹环规止规用来控制螺纹单一中径的下极限尺寸。为减少螺距偏差及牙型半角偏差对测量结果的影响，螺纹环规止端应做成截短牙型和较少螺纹圈数，且螺纹圈数只有 2～3.5 圈。检测时，止规应不能旋过合格内螺纹，但允许旋入不超过 2 个螺距的旋合量。

光滑极限环规的通端和止端用来检验外螺纹大径的上、下极限尺寸。

（2）内螺纹的检验

图 4.11 所示为采用螺纹塞规和光滑极限塞规检验内螺纹的合格性。

螺纹塞规通端用来控制内螺纹作用中径和大径的下极限尺寸。它应具有完整牙型和与被测螺纹相当的螺纹长度。螺纹塞规止端用来控制内螺纹单一中径的上极限尺寸。它应具有截短牙型和较少螺纹圈数，旋合量要求与螺纹环规相同。

光滑极限塞规的通端与止端是用来检验内螺纹小径的下、上极限尺寸。

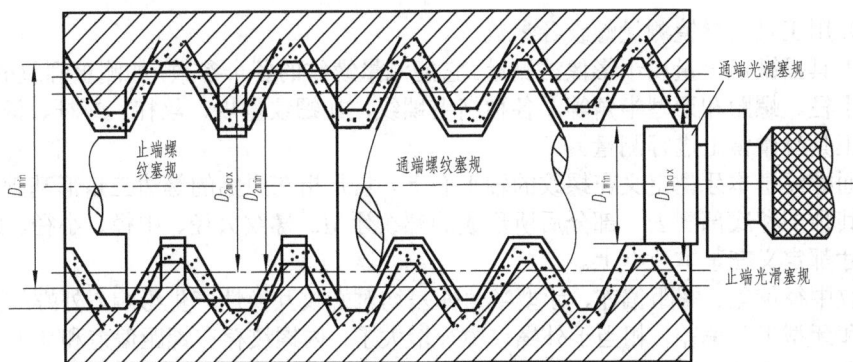

图 4.11 用螺纹塞规和光滑极限塞规检验内螺纹

4.2.2 单项检测

单项检测是指用量具或量仪测量螺纹每个参数的实际值，主要包括测中径、螺距、牙型半角和顶径。其优点是可以对螺纹件进行工艺分析，找出误差产生原因，从而指导生产。

（1）螺纹千分尺测量外螺纹中径

实际生产中，车间条件下测量低精度螺纹常用螺纹千分尺。螺纹千分尺的结构与普通外径千分尺相似，只是两个测量面可根据不同螺纹牙型和螺距选用不同的测量头。

（2）三针法测量螺纹中径

如图 4.12 所示，把 3 根相同的金属针放在外螺纹沟槽内，量出 3 根针外表面之间的尺寸 M，根据所测出的 M 值和被测螺纹已知的螺距 P、牙型角 α 及量针直径 d_0，按下式可计算螺纹中径 d_2 的实际尺寸。

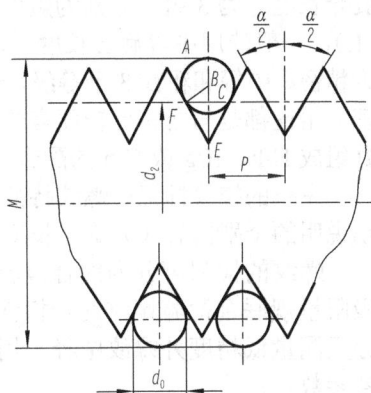

图 4.12 三针法测量中径

$$d_2 = M - d_0 \left(1 + \frac{1}{\sin\dfrac{\alpha}{2}} \right) + \frac{P}{2} \cot\frac{\alpha}{2}$$

对米制普通螺纹 $\alpha = 60°$，有

$$d_2 = M - 3d_0 + 0.866P$$

为避免牙型半角偏差对测量结果的影响，所用量针与螺纹牙侧面最好在中径线上接触，使测得中径为单一中径。这样的量针直径称为最佳针径 $d_{0最佳}$。

$$d_{0最佳} = \frac{P}{2\cos\dfrac{\alpha}{2}}$$

对米制普通螺纹，$d_{0最佳} = 0.577P$。

（3）用工具显微镜测量螺纹各参数

用工具显微镜测量属于影像法测量。它能测量螺纹的各个参数，如测量螺纹的大径、中径、小径、螺距和牙型半角等。各种精密螺纹，如螺纹量规、丝杠、螺杆、滚刀等，都可在工具显微镜上进行测量。

普通螺纹基本牙型定义在螺纹的轴平面上。它是指在原始的等边三角形基础上，按规定将其顶部和底部削去一部分后所形成的螺纹牙型。螺纹大径、中径、小径、螺距等基本尺寸都定义在基本牙型上。

螺纹中径偏差、螺距偏差、牙型半角偏差均对螺纹互换性产生影响。外螺纹存在螺距偏差和牙型半角偏差，相当于外螺纹中径增大了；内螺纹存在螺距偏差和牙型半角偏差，相当于内螺纹中径减少了。因此控制作用中径就间接地控制了螺距偏差和牙型半角偏差。作用中径是实际中径与螺距偏差及牙型半角偏差的中径当量和之和（对外螺纹）或之差（对内螺纹）。

普通螺纹的公差带由公差等级和基本偏差组成，结合内外螺纹的旋合长度，一起形成不同的螺纹精度。国家标准对内、外螺纹的中径和顶径各规定了不同的公差等级，其中 6 级为基本级；还对内螺纹规定了代号为 G、H 的 2 种基本偏差，对外螺纹规定了代号为 a、b、c、d、e、f、g、h 的 8 种基本偏差。国家标准按螺纹的直径和螺距将螺纹的旋合长度分为 3 组，分别为短旋合长度组（S）、中等旋合长度组（N）和长旋合长度组（L），一般选用中等旋合长度。国家标准按螺纹的公差等级和旋合长度，将螺纹精度分为精密、中等和粗糙 3 个等级。一般以中等旋合长度下的 6 级公差等级为中等精度，精密与粗糙都是与之相比较而言的。为保证牙侧足够的接触高度，完工后的内、外螺纹最好组成 H/h、H/g 或 G/h 的配合。

完整的螺纹标记由螺纹特征代号、尺寸代号、螺纹公差带代号和其他有必要做进一步说明的个别信息（如旋合长度、旋向）组成。各代号之间用"-"分隔开。

螺纹的检测可分为综合检验和单项测量。在综合检验时通常采用螺纹量规和光滑极限量规联合检验螺纹的合格性。单项测量是分别测量螺纹的每个参数，常用螺纹千分尺测量低精度外螺纹中径，用三针法测量精密螺纹中径，用工具显微镜可测量螺纹各参数。

任务实施

4.2.3 减速器零部件检验规程制定

减速器在原动机和工作机或执行机构之间起匹配转速和传递转矩的作用。减速器是一种相对精密的机械，使用它的目的是降低转速，增加转矩。减速器按照传动级数不同可分为单级减速器和多级减速器；按照齿轮形状可分为圆柱齿轮减速器、圆锥齿轮减速器和圆锥-圆柱齿引轮减速器；按照传动的布置形式又可分为展开式减速器、分流式减速器和同进轴式减速器。减速器是一种由封闭在刚性壳体内的齿轮传动、蜗杆传动、齿轮-蜗杆传动所组成的独立部件，常用作原动件与工作机之间的减速传动装置，在现代机械中应用极为广泛。如图 4.13 所示为一级圆柱齿轮减速器装配示意图及零件明细。

一个减速器包含有箱体类、轴类、盘类等非标准件，还包含有齿轮、螺栓、轴承、键等标准件。本任务主要介绍减速器机体的检验规程。减速器机体的零件图（包含尺寸公差、几何公差、表面粗糙度要求等），如图 4.14 所示。

圆柱齿轮一级减速器零件

序号	名称	数量	材料	备注	页码
1	铭牌 A4×18	2	Q235	GB/T 117—2000	
2	螺栓 M8×65	4	Q235	GB/T 5780—2016	
3	垫圈 8	6	65Mn	GB/T 93—1987	
4	螺母 M8	6	Q235	GB/T 6170—2015	
5	螺钉 M3×10	4	Q235	GB/T 67—2016	5
6	透气塞	1	Q235		5
7	螺母 M10	1	Q235	GB/T 6170—2015	5
8	视孔盖	1	Q235		6
9	垫片	1	耐油橡胶石棉板		7
10	机盖	1	ZL102		5
11	螺栓 M8×25	2	Q235	GB/T 5780—2016	8
12	机体	1	ZL102		8
13	垫圈	1	耐油橡胶石棉板		9
14	油塞	1	Q235		8
15	填料	1	毛毡		8
16	嵌入端盖	1	Q235		10
17	齿轮轴	1	45		10
18	调整环	1	Q235		
19	嵌入端盖	1	尼龙66		
20	圆形塑料油标	1	10		10
21	挡油环	2	Q235		
22	滚动轴承 204	2		GB/T 273.3—2020	10
23	填料	1	毛毡		
24	嵌入端盖	1	Q235		
25	滚动轴承 206	2		GB/T 273.3—2020	10
26	调整环	1	Q235		9
27	轴	1	45		
28	嵌入端盖	1	尼龙66		11
29	支承环	1	Q235		11
30	键 10×22	1	45	GB/T 1096—2003	
31	齿轮	1	HT200		11

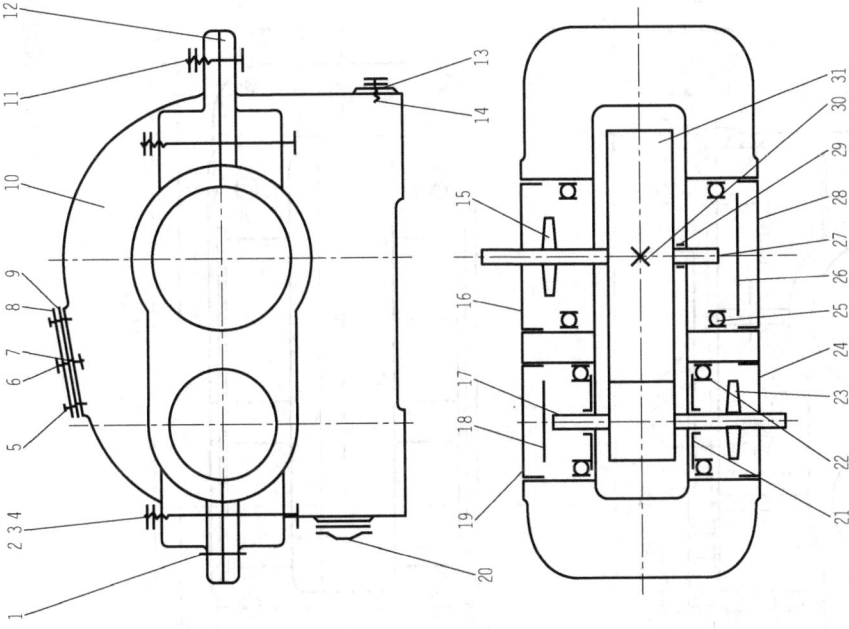

图4.13 一级圆柱齿轮减速器装配示意图及零件明细

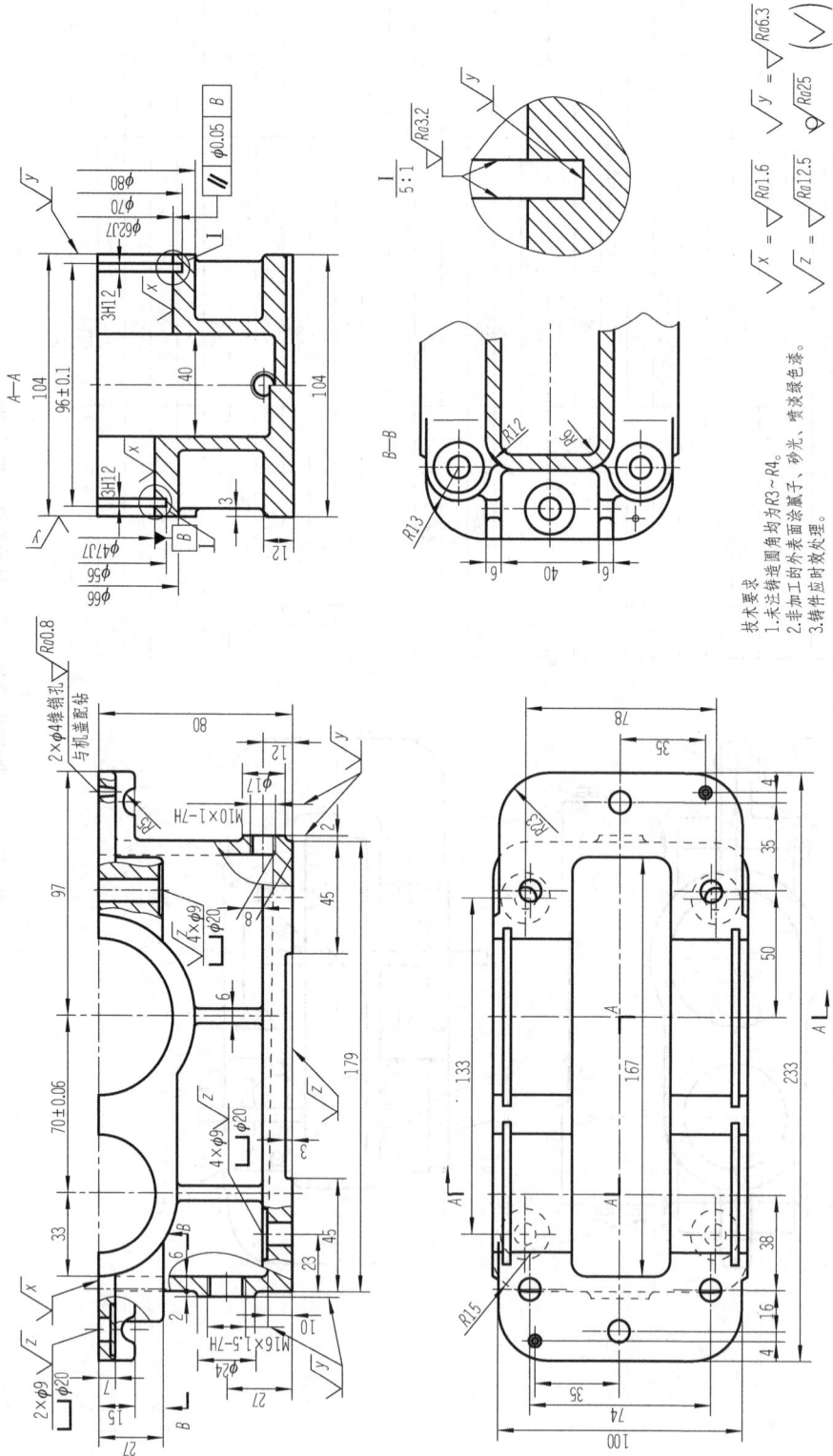

技术要求
1.未注铸造圆角均为R3~R4。
2.非加工时的外表面涂漆黄子、砂光、喷漆绿色漆。
3.铸件应时效处理。

图 4.14 减速器机体零件图

减速器机体的检验规程从尺寸精度、几何精度、表面粗糙度等方面进行规划，具体见表 4.12～表 4.14。

表 4.12　减速器机体的尺寸精度检验规程

检验规程卡			产品型号			零件图号				
			产品名称			零件名称				
检验号	检验内容	测量方法	测量工具	测量值 1	测量值 2	测量结果	合格/不合格	加工后可用性	备注
10	总长	游标卡尺							
20	总宽	游标卡尺							
30	总高	游标卡尺							
40	定位销孔	内径量表							
50	两轴承座孔	内径千分尺							
60	……								
70	……								
80	……								
90	……								
100	……								
检验者					检验日期			年　月　日	

表 4.13　减速器机体的几何精度检验规程

检验规程卡			产品型号			零件图号				
			产品名称			零件名称				
检验号	检验内容	测量方法	测量工具	测量值 1	测量值 2	测量结果	合格/不合格	加工后可用性	备注
10	轴线平行度		心轴、指示计						
20	端面平面度		桥尺、水平仪						
30	……								
40	……								
50	……								
检验者					检验日期			年　月　日	

表 4.14　减速器机体表面粗糙度检验规程

检验规程卡			产品型号			零件图号				
			产品名称			零件名称				
检验号	评定参数	测量方法	测量工具	测量值 1	测量值 2	测量结果	合格/不合格	加工后可用性	备注
10	Ra	比较法	样板/样件						
20	Rz								
30	Rc								
40	……								
50	……								
检验者					检验日期			年　月　日	

4.2.4 专用量检具的使用

1. 专用量检具概述

在一些大中型机械加工企业中，对某些需要检测的零件尺寸，使用通用量具测量很不方便，甚至无法测量，必须设计专用量检具。

（1）专用量检具的设计、制造和检验

首先，企业应根据机械零件加工测量需要，由设计部门设计专用量检具。设计过程中，应进行设计审校、验证、设计确认等，然后按 ISO 9000 标准文件和管理方法管理。若设计图纸需要更改时，必须通过计量部门和制造部门审批。

根据设计图制作的专用量检具应由质检部采用全检法进行检验。检验合格者应用钢印刻上编号、检定号及有关的测量尺寸，开具合格证再送入量具库。

（2）专用量检具的领用和周检

使用部门从量具库领回新的专用量检具，应即时经计量室检验确认、登记、换卡、开具合格证后方能使用。在检测合格证上应注明检验日期、检定周期及有效期等，以便列入正常周检计划。检定周期长短应根据使用频率、使用环境、量具本身结构等确定。

（3）专用量检具的日常管理

对从计量室领回专用量检具，必须及时登记、入账，并由专人管理，严格遵守借还制度。管理人员需按周检计划将专用量检具送检，换取新的合格证。

在使用中若发现某量检具出现异常或不能确认，应及时送计量室检测确认。使用者平时应负责对量检具的日常维护、保养。有关部门也应进行监督和考核。

（4）专用量检具的报废、回收、利用

专用量检具的报废，须由计量室认可并收回，防止流入生产现场。

对于某些专用检具因设计复杂、制造麻烦或成本较高，而仅因几个零部件不符合要求而报废者，或有的经修磨便可重新使用者，为减少浪费，企业可由专业技术人员专门处理，如可再利用必须经计量室检测认可并开具合格证。

2. 专用量检具的使用

减速器作为常用件，它的使用非常广泛，生产批量较大，如果普遍采用通用量具进行检测，效率较低。可以将轴承座孔的尺寸、两轴承座孔的平行度及对端面的垂直度等要求做出一个专用检具进行一次测量，完成多项测量工作。

图 4.14 中的 M16×1.5-7H，M10×1-7H 的两个螺纹孔，都可以使用专用的螺纹塞规进行综合检验，而不必进行单向测量。

4.2.5 减速器零部件检测

根据减速器机体的检验规程指定过程，试确定图 4.15 所示的减速器机盖，图 4.16 所示的减速器齿轮轴，图 4.17 所示的减速器输出轴，图 4.18 所示的减速器齿轮，图 4.19 所示的减速器轴承端盖等零件的检验规程（根据图上的尺寸公差、几何公差和表面粗糙度要求进行检测）。

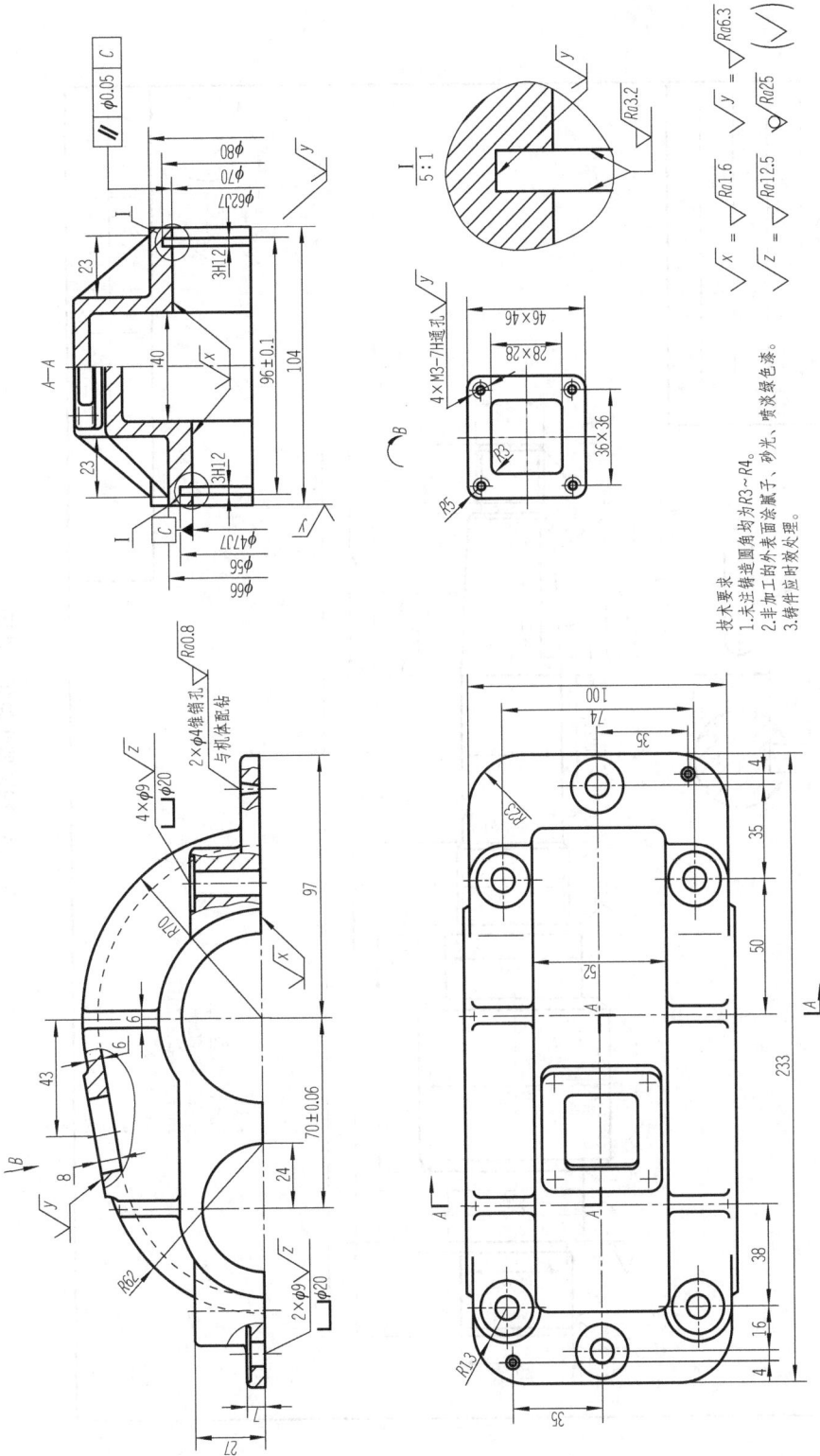

图 4.15　减速器机盖零件图

法向模数	m_n	2
齿数	Z_1	55
齿形角	α	20°
精度等级	8-7-7HK GB/T 10095—2008	
配齿齿轮	件号	31
	齿数 Z_2	55
公法线长度	W_k	9.33
跨齿数	k	2

序号	17	比例	1:1
数量	1	材料	45

齿轮轴

$\sqrt{x} = \sqrt{Ra1.6}$

$\sqrt{y} = \sqrt{Ra3.2}$

$\sqrt{Ra6.3}$ ($\sqrt{}$)

技术要求
1.调质处理HB220~250。
2.齿面高频淬火HRC50~55。
3.锐角打毛刺C0.2~C0.5。
4.表面发蓝处理。

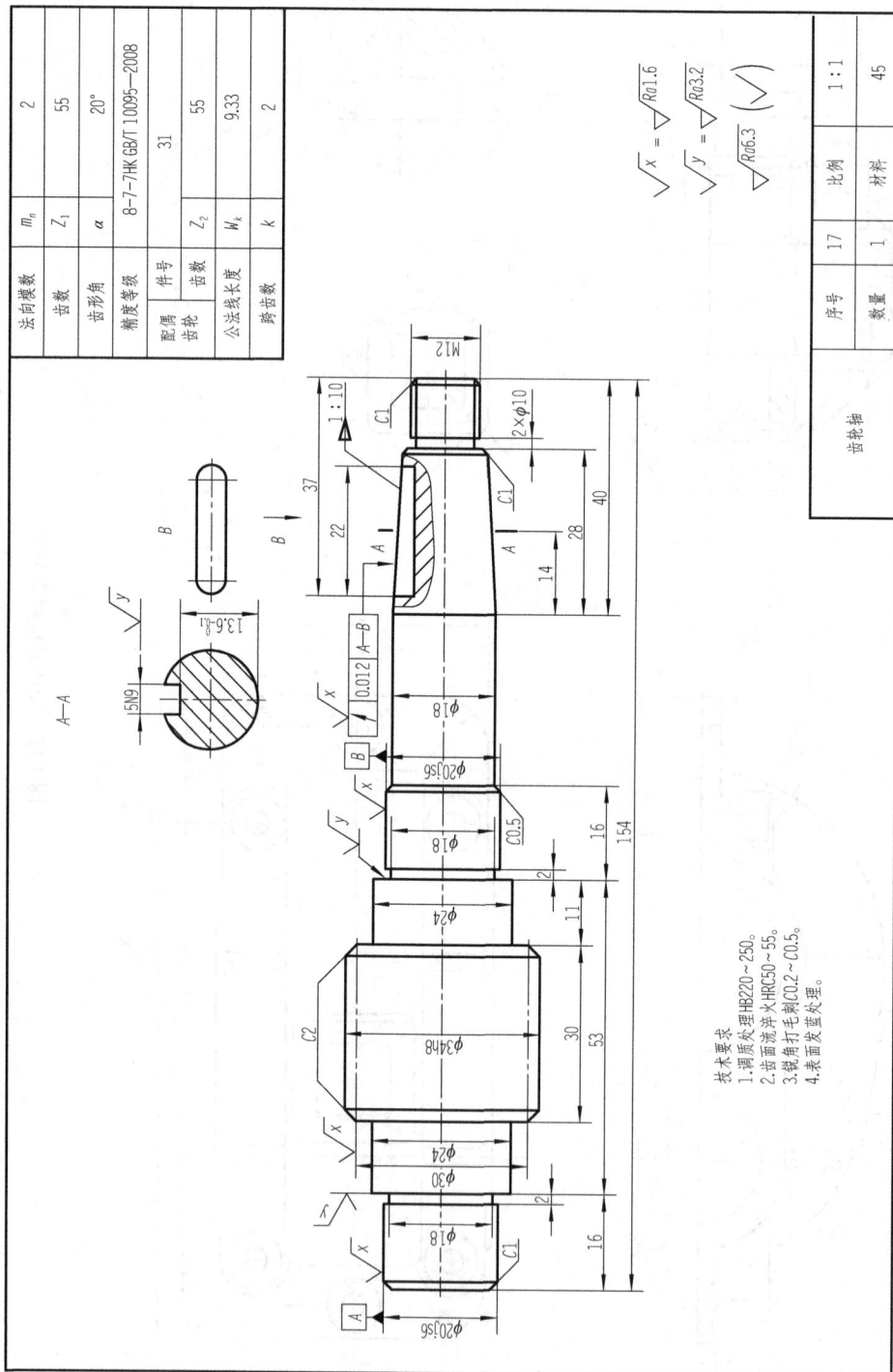

图4.16 减速器齿轮轴零件图

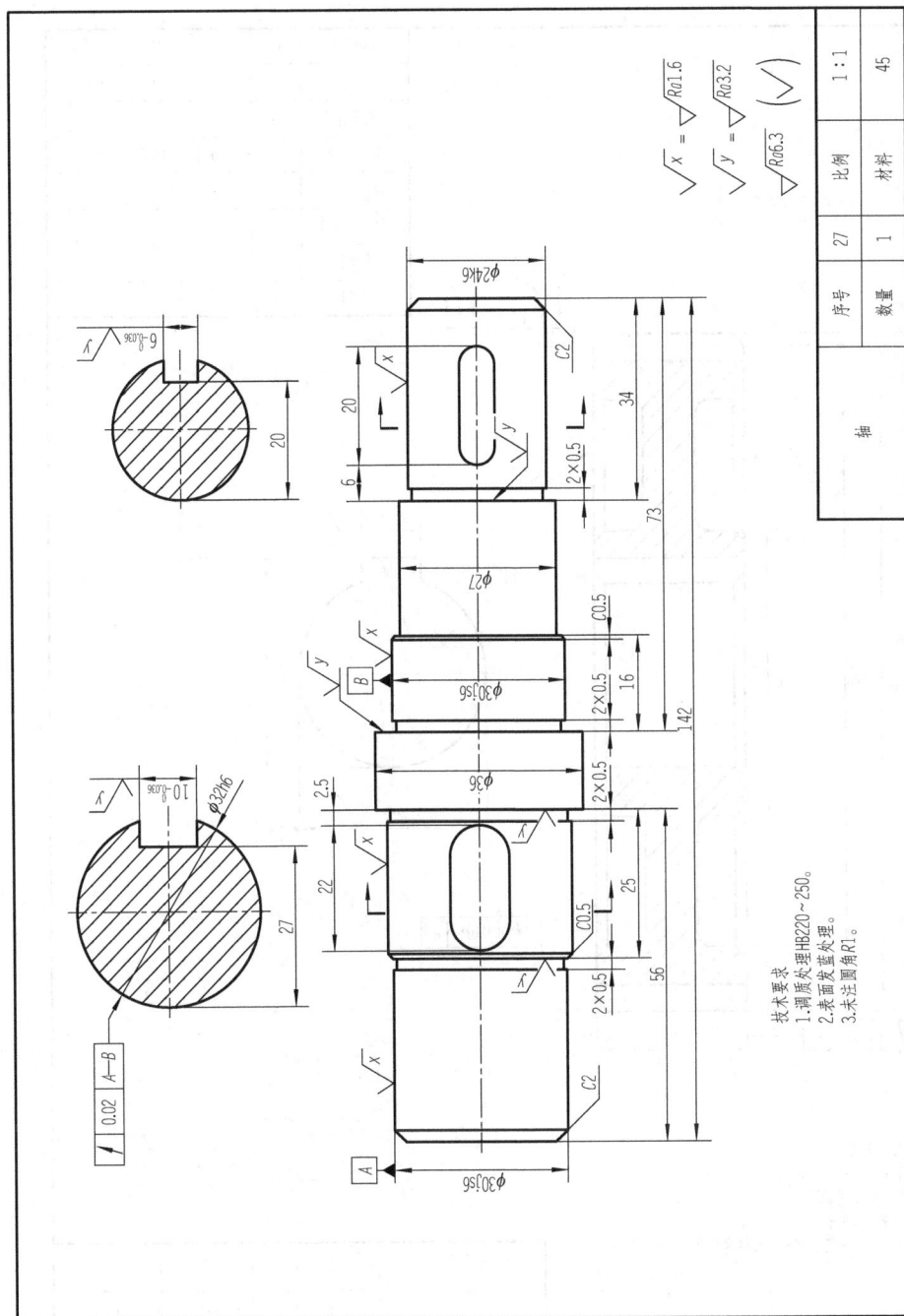

图 4.17　减速器输出轴零件图

法向模数	m_n	2
齿轮	Z_2	55
齿形角	α	20°
精度等级	8-7-7HK GB/T 10095—2008	
配偶齿轮	件号	17
	齿数 Z_2	15
公法线长度	W_k	39.92
跨齿数	k	7

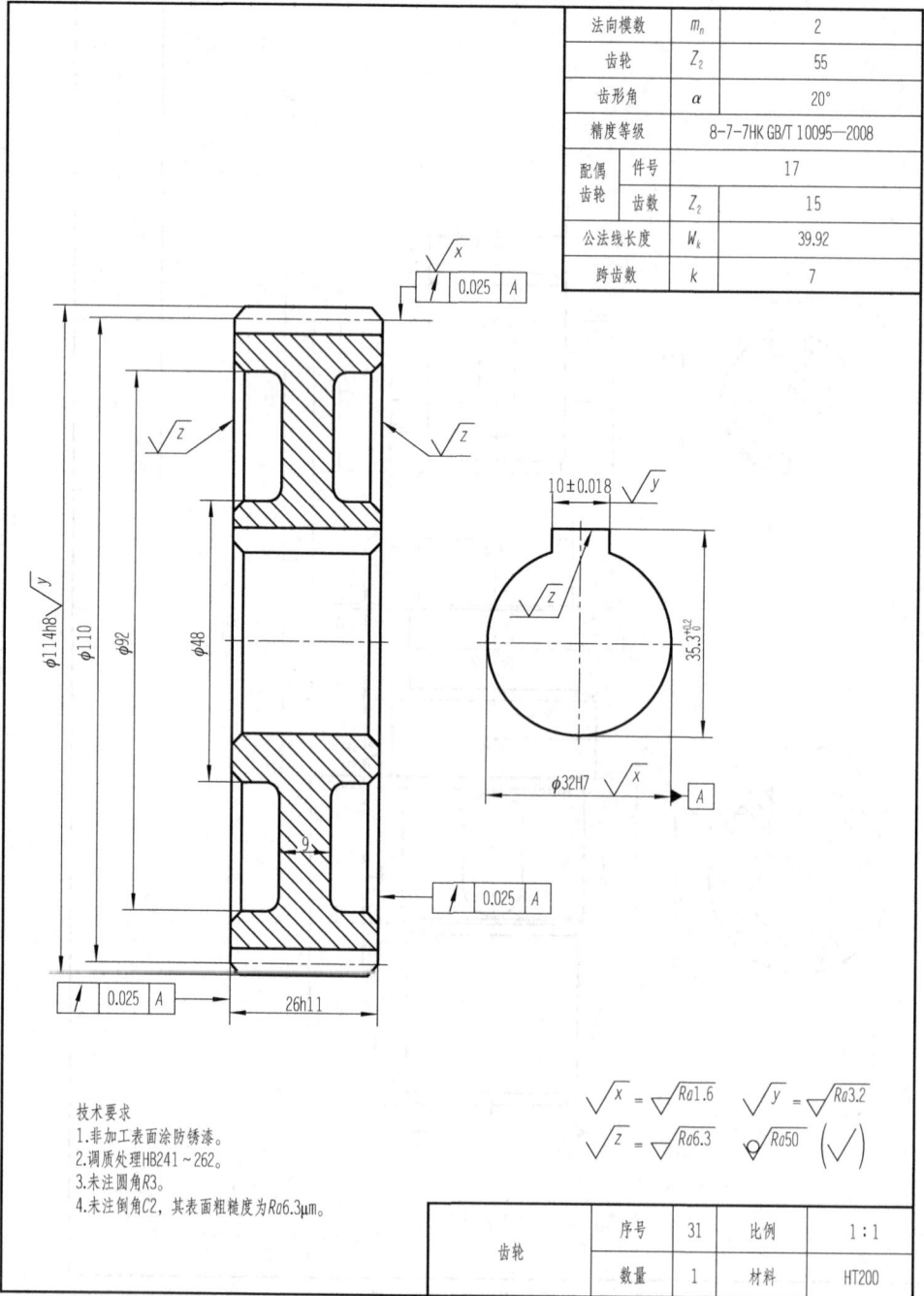

技术要求
1. 非加工表面涂防锈漆。
2. 调质处理HB241~262。
3. 未注圆角R3。
4. 未注倒角C2，其表面粗糙度为Ra6.3μm。

$$\sqrt{x} = \sqrt{Ra1.6} \qquad \sqrt{y} = \sqrt{Ra3.2}$$

$$\sqrt{z} = \sqrt{Ra6.3} \qquad \sqrt{Ra50} \left(\sqrt{} \right)$$

齿轮	序号	31	比例	1:1
	数量	1	材料	HT200

图 4.18 减速器齿轮零件图

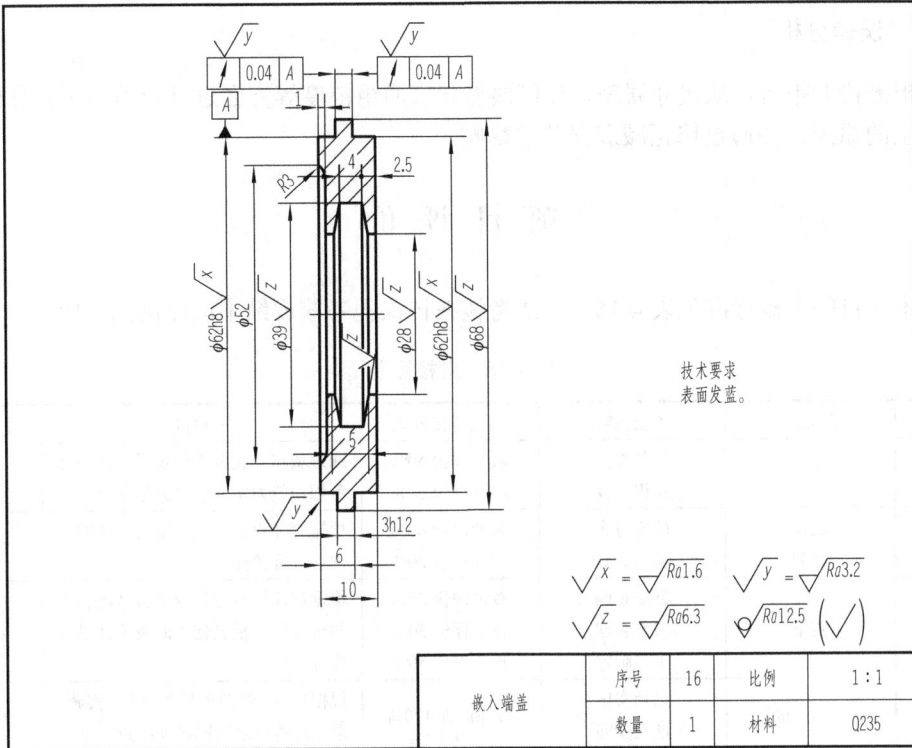

图 4.19　减速器轴承端盖零件图

4.2.6　检测报告填写

填写检测报告，见表 4.15。

表 4.15　检测报告

尺寸精度检测	
合格判断	
几何精度检测	
合格判断	
表面粗糙度检测	
合格判断	

姓名	班级	学号	审核	成绩

4.2.7　误差分析

根据检测报告，从尺寸误差、几何误差和表面粗糙度等方面进行误差分析。分析误差产生的原因，并通过修正减弱误差的影响。

项 目 评 价

本项目的考核标准见表 4.16。本次考核在该课程考核成绩中的比例为 30%。

表 4.16　考核标准

序号	工作过程	主要内容	建议考核方式	评分标准	配分
1	资讯	任务相关知识查找	教师评价 50% 相互评价 50%	通过资讯查找相关知识学习，按任务知识能力掌握情况进行评分	20
2	决策计划	确定方案编写计划	教师评价 80% 相互评价 20%	根据整体设计方案及采用方法的合理性进行评分	20
3	实施	方法正确工艺合理工序制定	教师评价 20% 自己评价 30% 相互评价 50%	根据标注的合理性及检验规程制定的合理性、量具使用的规范性进行评分	30
4	任务总结报告	记录实施过程步骤	教师评价 100%	根据标注、检测的任务分析、实施、总结过程记录情况进行评分	10
5	职业素养团队合作	工作积极主动性组织协调与合作	教师评价 30% 自己评价 20% 相互评价 50%	根据工作积极主动性及相互协作情况进行评分	20

项 目 小 结

1．螺纹的基本术语，各种参数对作用中径的影响，螺纹的标记与设计。
2．普通螺纹的检测，有综合测量与单向测量的方法。
3．减速器零部件的检测。

通过本任务学习，学生应该对螺纹的公差配合及检测充分认识；同时通过对减速器零部件的综合检验，进一步巩固关于尺寸精度、几何精度、表面粗糙度等 3 个方面的精度检测。

🪶 练习与提高

1．普通螺纹结合的基本要求是什么？
2．以外螺纹为例，试说明螺纹中径、单一中径和作用中径的含义及区别。在什么情况下三者相等？
3．当内、外螺纹存在螺距累积误差和牙型半角误差时，其作用中径和单一中径之间存在什么关系？

4．螺纹检测分为哪两大类？各有什么特点？

5．查表确定 M16-6H/6g 的内、外螺纹中径、顶径的极限偏差，并计算其极限尺寸。

6．查表确定 M20×2-5g6g 的基本偏差、中径和大径的公差，并计算中径和大径的极限尺寸。

7．解释下列螺纹标记的含义：

1）M24×2-5H6H-L；

2）M10-5g6g；

3）M10×1-6H-LH；

4）M30-6H/6g。

参 考 文 献

王立波，赵岩铁，2021．公差配合与测量技术[M]．北京：北京航空航天大学出版社．

王萍辉，2009．公差配合与技术测量[M]．北京：机械工业出版社．

王颖，2013．公差选用与零件测量[M]．北京：高等教育出版社．

熊建武，张华，2010．机械零件的公差配合与测量[M]．大连：大连理工大学出版社．

张武荣，马丽霞，2005．公差配合与测量技术[M]．北京：北京大学出版社．

赵军华，2017．机械零部件检测[M]．北京：机械工业出版社．